人間の偏見 動物の言い分

動物の「イメージ」を科学する

高槻成紀

イースト・プレス

まえがき

カニの小噺《こばなし》

落語のまくら噺に、

「あれ、どうしたんだい、あのカニ縦に歩いてるよ」

と言うと、カニが、

「ちょっと酔っちゃったもんで」

と答えて、客がドッと受ける、というものがある。

実際にはこんなことがあるはずがない。第一、「カニの動きからすると、どうもこのカニはふつうではない。もしかしたら酔っているのかもしれない」とは言わず、いきなりカニにしゃべらせる。客もカニが日本語をしゃべるのをなんの違和感もなく受け止める。それもありえないが、もちろんカニが酒を飲むわけも、アルコールを摂取したとしてもそれが行動異常に現れるわけもない。ここでは古典落語が親しまれた時代の空気について考えてみたいと思う。

この小噺を聞いて笑えない若い人がいるのではないだろうか。ここでかつて客がドッと笑ったのは、みなに「カニは横歩きをする」という常識があるからで、だからこそ縦に歩いているのをおかしいと思わなければ笑えない。江戸の市中に住んでいた町人や、ましてや戦後の東京人は日常的にカニを見てはいなかったかもしれないが、潮干狩りに行ったときなどに捕まえようとして、横歩きに逃げるカニを見るといった体験はごくふつうにあったはずだ。大げさに言えば、カニについての知識が共有されているという前提でこの小噺は成り立っている。

日本人の大多数が都市的生活をするようになり、カニに限らず、昆虫や小動物などに触れる機会がなくなってしまった。それだけでなく、夕方、露地で子どもが遊びまわり、大人がヘボ将棋をしたり、無駄話をしながら過ごしているところにヨッパライがフラフラ歩いて来たりといった風景自体がなくなり、ヨッパライはまっすぐに歩けないことすら知らない子どもがいるかもしれない。そうした現代の生活を考えると、カニの縦歩きがドッと受けたという時代との隔たりを感じないではいられない。

私は古今亭志ん生が好きで寄席の録音を聞くことがある。カニの縦歩きの小噺も志ん生のものである。が、この小噺を演じる寄席の空気を感じとって思うのは志ん生の話の魅力だけではないということだ。カニでも、カエルでも、ヤモリでも、なんとなく人との距離が近いと感じられる。人がすぐれていて、偉く、強いことは自明のことだ。だが、この小噺を話す噺家《はなしか》も聴き手も、「ワケのわからない小動物」ではなく、「カニという小さくて見た目もなんだかへんてこな生き物は、人にはわからない事情があって、横に歩いたり、狭い穴に入り込んだりするんだろう。でも、カニにはカニの事情があるんだろう。あいつらだってそれなりに一生懸命生きているんだから、いろいろあるだろうけど、お互いさまだよ」と思っているという空気が伝わってくる。私には、現代社会の深刻さはそのことが失われつつあることにあるのではないかという思いがある。

動物に対する偏見

この本では動物に対する人々のイメージについて考えようとしている。そのよい例がパンダ（ジャイアントパンダ）だと思う。２０１７年の夏にパンダのシャンシャンが生まれ、日本中がその成長を注視し、「会いに行ける」ことになったらたいへんな競争率になった。暗い話題や心が痛む話題が多い中で、シャンシャンの話題は心が温まり、私たちは癒される。

それはけっこうなことなのだが、公平さという意味ではずいぶん偏りがあるといわざるをえない。動物園ではいろいろな動物の子どもがたくさん生まれるが、話題とされるのはゾウやライオンなどの人気者、あるいは絶滅危惧種などに限られ、多くの赤ちゃんたちはとりあげられることはない。人気のある動物でも、マスコミにとりあげられるのは、ほかの話題がないタイミングに埋め草的に紹介されるにすぎない。ある程度の人気の違いがあるのはやむをえないとしても、なぜこれほどまでに違いがあるのかということも本書で考えたい。

人気者のパンダについて、動物を研究してきた者としてひとつだけ指摘しておきたいことがある。

私は長い間シカ（ニホンジカ）の研究をしてきたが、日本のシカにとっては冬にササがあることが重要であることを発見した。そのことがあったので、アメリカに留学していた1985年、カナダで開催された学会で当時中国でパンダの調査をしていたジョージ・シャラー博士に会い、ササとシカの研究をしているのなら、パンダの調査グループに入ってくれと要請された。そして、中国奥地でアメリカやベルギー、イギリスなどの研究者と過ごした。当時の中国は貧しく、調査には苦労もあったが、パンダの生息地を歩き回ったことは良い体験になった。そうした体験をした者として言いたいのは、パンダは「生きたぬいぐるみ」でも、ペットでもなく、まちがいなく野生動物だということである。実はそのことを正しく認識している人は驚くほど少ない。本来どこにいるかなどということは考えたこともなく、動物園で生まれた天使のような動物で、一生、暖かい部屋で、遊んで過ごす生き物だと思われているフシがある。

パンダのイメージは良い意味での「偏見」だが、ヘビやハイエナのように汚らわしい、不気味だというイメージを持たれている動物もいる。では、こういう偏見はどこから来るのだろうか。本書ではそのことを考えてみたい。

その前に、そもそも、そういうことを考えることにどういう意味があるだろうか。ヒトは霊長類、つまりサルの仲間である。霊長類とは、一番すぐれているという意味だ。人類がすべての生き物の中で最もすぐれているなど疑う余地のないことだと信じられてきた。ヒトだけが考えることができ、ヒトだけが言葉を使え、ヒトだけが道具を扱えるなどなど、ヒトとほかの動物との違いを指摘する説は無数にある。だが研究が進むにつれて、考える動物はいくらでもいる、というより考えない動物などいないのではないかということがわかってきた。言葉についても、言葉の定義にもよるが、個体間のコミュニケーションをとる動物は無数におり、その具体的な事例が報告されるようになった。道具を使う動物は限られるものの、やはりいて、人間だけの専売ではないことがわかっている。

私たちにとって衝撃的だったのは、ヒトとチンパンジーのDNAが98%以上同じであるということが示されたことである。私たちが自分たちを特別だと思うことはある程度自然なことだが、この事実は2%以下の違いをもって、われわれとチンパンジーは「まったく違う」と主張することが、強弁でしかないことを示してしまった。ヒトが特別に思慮深い動物であれば、なぜこのような思い違いをしてしまったのだろう。むしろ私たちはものごとを冷静に、客観的に見ることは苦手なのではないだろうか。そう思うほうが納得できることがたくさんある。

人間が人間中心にものを考えるのは当然であり、それの何が問題なのだという意見もあるだろう。私にもある程度そうした気持ちはある。ただ、20世紀の前半くらいまでは人間中心であることにさほど問題はなかった。というのは、人間活動が地球全体の環境に大きな影響を与えるということはなかったからである。しかし今や世界の人口は70億人を超え、そのエネルギー利用は天文学的数字になっている。資源の枯渇が問題とされ、地球温暖化で異常気象が頻発し、深刻な災害が起きている。もし、このまま人間が地球の資源を使えるだけ使って「豊かな」生活を追求するという生活様式を改めないとすれば、残された自然はきわめて深刻な事態に陥るだろう。

そういう時代に生きている私たちは、ほかの動物に対して勝手なイメージを持ちがちで、この傾向はさらに強まりそうな懸念がある。そのことに対して、動物を正しく知ることが、思い違いを是正することになるはずである。

相手を知らないために勝手なイメージを持って誤解するという私たちの態度は改まっているどころか、昨今はむしろ強くなっているように感じられる。「まず自分たち」という言い分が大手を振ってまかり通るようになった。人と人との関係と、人と動物との関係は当然違うが、それでも偏見は良くないと考えるのであれば、人と人でも、人と動物でも通底するものは同質なはずである。やや大げさになるが、私は本書をそうした思考実験のささやかな具体例にしたいと思う。

本書の構成について

本書は次のような作りになっている。初めに1章で動物にまつわる言葉をとりあげ、その背景にある意味を考える。2章では、ヒトが動物に対してイメージを持つときのパターンなどを考える。3章以降は動物を一定の基準にしたがって類型し、動物をグループごとに解説をする。3章でペット、4章で家畜、5章は代表的な野生動物、6章は人が利用する野生動物を紹介しながら、イメージにも言及する。ここまでがいわば材料の提供である。それを受けて7章では人間と動物のあり方について、人類史において生活の変化にともなって動物観がいかに変化してきたかを考える。そして最後の8章で都市化した現代において私たちの動物観がどのようなものになったかを見直し、これからどうすべきかを考える。

70歳を前にして、私は自分たちが歩んできた時代を振り返る気持ちがある。それは、戦後の貧困な日本が右肩上がりに経済成長をしてきた時代であり、その激動の時代は人間と野生動物の関係においても大きな変化をもたらしたはずである。そのことは本書の直接的なテーマである動物のイメージに関係するが、どうやらそれだけでなく、私たちの生きる意味の根源的なところにまで深くかかわっているように感じられる。そのことは私の中でまだ発酵中であるが、本書の執筆はそのことを考えるきっかけになった。

もくじ

第3章　ペットとしての動物

第4章 家畜としての動物

第7章 動物観の変遷

第8章　私たちは動物とどう向き合うか

第1章
たくさんある動物にまつわる言葉

会話に動物が出てくる

人と動物の関係を考えるうえで、日常会話に出てくる動物、あるいは動物に関連した言い回しを考えてみたい。というのは、当然ながら、まったく見たことのない動物は話題に上らないだろうし、目にする動物でも人がとりあげるのは、なんらかの理由でその動物が人の心をとらえているはずだからだ。つまり、会話に出てくるということの中に人が持つ動物への意識が投影されていると考えられる。したがって、どういう表現がされているかを考えることで、われわれの動物に対する意識が読み取れるはずである。

私は大学の教員だったから、学生とよく会話したが、ある年の春にこんなことがあった。女子学生二人と野外調査に行ったのだが、そのとき、フキがたくさんあった。私は二人に聞いた。

「あの、ちょっとはばかられるんだけど、『薹《とう》が立つ』っていう言葉知ってる?」

二人とも「知りません」と答えた。

フキはキク科で、葉と花が別々に伸びる特徴がある。フキの花は地面から出てくると苞《ほう》という葉の変形したものに包まれている。これをてんぷらにすると少し苦みがあってとてもおいしい。この茎（花茎）はすぐに伸びてしまい、そうなるとおいしくなくなる。この茎を薹といい、

伸びたのを「薹が立つ」という。その説明をしたあとで、

「そのことから、いや、ほんとにはばかられるんだけど、女性が一番きれいな段階を過ぎたの
を『薹が立つ』というんだ」

二人は「へえ、そうなんですね」とにこやかに答えた。彼女らは二十歳くらいだったから言葉を知らなかっただけでなく、実感もまったくなかったと思う。ただ、そのとき私は、誰でも知っていると思っていた「薹が立つ」という表現も、今の若い人は使わないのだと認識した。

思えば会話は時代とともに変化する。私たちの世代はわりあいことわざなどを会話に出すが、大正生まれの世代はもっとよくことわざを使ったように思う。いろはカルタに出てくる言葉などは私たちの世代ではあまり使わなくなっている。

そういう意味で、会話に出てくる動物を含む言い回しを考えてみると、いくつかおもしろいところがあることに気づく。そのことを時代の変化を加味しながら考えてみたい。

特徴をうまくとらえた言葉

まず、動物の特徴をうまくとらえた表現である。

哺乳類にまつわる言葉

◎犬猿の仲

「犬猿の仲」は仲の悪いことで、よく使われる言葉だ。実際イヌとサルは仲が良くない。サルが農家に近づいたりすると、イヌは吠える。サルもイヌの声に驚いて逃げるが、イヌが鎖につながれていて動けないとわかると、無視して接近したりする。ニホンザルはオオカミのいる生態系にいたから、オオカミに対する警戒心があってイヌにも敏感なのかもしれない。

◎ネコの額

「ネコの額」は狭いことのたとえだが、哺乳類の頭骨の形状としてネコの前額部がとくに狭いということはない。イヌに比べればネコの頭は小さいという程度の意味であろう。「ネコの額ほどの庭」などというが、現代の都市では土地がないからネコの額であっても、庭がある人は恵まれているといえる。

◎ネコの手も借りたい

「ネコの手も借りたい」はよく使われる。ネコでは役に立つはずはないが、人数が足りなくて、いる人全員に手伝ってもらってもさらに手が足りないという意味で、ネコは役に立たない存在だという響きがある。

◎ネコなで声、ネコ可愛がり

同じペットでも、イヌは主従関係がはっきりしているが、ネコは主人に従順というわけではない。それだけにネコ好きはネコを溺愛する傾向があり、「ネコなで声」や「ネコ可愛がり」はそのことを表現している。この言葉はネコに対してだけでなく、子どもの育て方などにも使われる。

◎牛歩

「牛歩」はウシがのそりのそりと歩くようすから、遅いことのたとえだが、一番よく使われるのは国会での反対派がただの時間稼ぎに使う「牛歩戦術」だ。

◎牛に引かれて善光寺参り

あまり使われることはないが、「牛に引かれて善光寺参り」という言葉がある。長野の善光寺の近くに住んでいた不信心なおばあさんが、軒先にさらしていた布をウシが角にひっかけて持って行ってしまったので、あわてて追いかけたら、ウシが善光寺に入ってしまい、結果として善光寺にお参りしたということから、そのつもりがなくても良いおこないをすることをいう。これは教訓で実際に使う状況も想定しにくい言葉だが、なんとなく記憶に残る言葉である。

◎猪突猛進

「猪突猛進」とはイノシシが障害物ももののともせず突進してぶつかることから、周囲の迷惑を考えずに勝手にものごとを進めるさまをいう。

◎サルまね

「サルまね」はサルが人のすることをまねようとしても、できるはずがないということで、主体性のないおこないを批判的に言うときに使う。

◎見ざる、聞かざる、言わざる

「見ざる、聞かざる、言わざる」は古い否定表現の「ざる」とサルをかけた表現で、日光東照宮の彫刻に3匹のサルが両手で目、耳、口をおさえていることから生まれた。集団でものごとを進めるときに、余計な発言をしたりして問題を発生させるより、だまっているほうが賢明だという世渡りの知恵。

こう見てくると、シカやクマなどよく知られた野生動物でも日常会話に出てくる言葉は意外にないことに気づく。

鳥類・爬虫類・両生類・魚類にまつわる言葉

◎オウム返し

「オウム返し」は人の言った言葉をそのまま意味もわからずに反復することで、実際にオウムがそうすることによる。

◎オシドリ夫婦

仲の良い夫婦のことを「オシドリ夫婦」というが、これはカモの仲間であるオシドリはオスがとりわけ派手な体色を持っていて目立ち、雌雄が連れ立って泳ぐのが印象的だからであろう。ただし一生寄り添うというのは事実とは違うらしい。

◎鷲づかみ

「鷲づかみ」はワシは大きな指を持ち、その先端は鉤《かぎ》状に曲がっており、これで獲物をとらえるので、強引にものをつかむことをいう。強盗が盗品や札束を「鷲づかみにする」というような表現として使われる。

◎鶴の一声

「鶴の一声」とは、タンチョウなどツルはめったに鳴かないが、鳴くときは驚くほど大きな声を出すことから、偉い人の命令があればみなが従うさまをいう。言葉は聞くが実際にツルの声を聞く機会はほとんどない。

◎鵜《う》の目鷹《たか》の目

ウは水中で巧みに魚を捕らえる鳥であり、タカは空から地上の哺乳類など狙う。どちらも鋭

オシドリ

い目で獲物を狙うから、懸命にものを探すようすを「鵜の目鷹の目」と言う。人々が鳥の行動をよく見ていたから生まれた言葉であろう。

◎スズメの涙

「スズメの涙」は小さなスズメの流す涙だから、いかにも量が少ないことを表現するときに使われる。

◎トビがタカを生む

「トビがタカを生む」はありふれた鳥であるトビが貴重で能力のあるとされるタカを産むということから、凡人から優秀な子どもが生まれる幸運をいう。

◎嘴《くちばし》が黄色い

「嘴が黄色い」とは未熟であることの表現で、鳥の雛《ひな》の嘴の付け根が黄色いことから来ている。

◎籠《かご》の鳥

飼育された鳥が鳥籠に囲われることから、人が家から出してもらえない状態にあることを「籠の鳥」という。良家のお嬢様が大切にされるあまり、家から出してもらえないことなどをいうが、今はそういうことはあまりないと思われる。むしろ子どもが自分から「引きこもり」で家にいたままという例のほうが多いだろう。

◎蛇《じゃ》の道は蛇《へび》

同類のすることは同類にはよくわかるという意味だが、あまり良い意味では使わない。悪事を働く者同士は相手のことがわかるというような場合によく使われる。これはヘビはあやしい動物、悪いことをする動物というイメージがあるからであろう。

◎トカゲのしっぽ切り

「トカゲのしっぽ切り」はトカゲが捕まりそうになったとき、あるいは捕まったときに、自分で尾を切って逃げる（自切《じせつ》）ことで、よく使われるのは悪事を働いた者が手下に罪をなすりつけて自分は逃れるような場合である。

◎スッポンは噛みついたら離さない

カメの1種であるスッポンが噛んだら口を離さないということ。確かに歯が鋭く、指を噛まれたら出血することがあるが、落ち着かせれば離す。ほかの陸亀でも噛むことはあり、スッポンだけが噛むわけではない。怪我をしないための戒めの言葉であろう。

◎カエルの子はカエル

「カエルの子はカエル」は凡人からは凡人しか生まれないということで、この言葉はカエルを平凡でつまらぬ存在とみている。

◎金魚の糞みたいに

「金魚の糞みたいに」は金魚鉢の金魚を見ていると、長い糞をぶらさげながら泳いでいることから、人が何かのあとについて行くことをこう表現する。仲が良くて麗しいという意味はなく、主体性がないと批判的に使われる。

◎尾頭付《おかしらつ》き

「尾頭付き」や「腐ってもタイ」、「初ガツオ」などこれらはいずれも食べ物としての魚についての表現である。「尾頭付き」は、魚の体の全身が調理されて皿に並んでいることで、これこそが魚の食べ方だということであろう。背中のあたりの筋肉が豊富なところが一番食べがいがあるものの、頭には頭の、尾のほうにはそれなりの味わいがあり、そのすべてを味わえるのが本当の魚の食べ方だといった意味が含まれているかもしれない。

これは魚をよく食べる日本人でなければ意味がわからないのではないか。数ある魚の中でもタイはおいしいとされる。味だけでなく、姿も美しいとされ、食べ物を目でも楽しむという日本料理の考え方の表れであろう。

◎腐ってもタイ

「腐ってもタイ」は、どうせ腐って食べられなくなったものでも、タイはほかの魚とは違うという意味で、たとえば家柄の良い人、あるいはプライドのある人は没落してもやはり凡人とは違うという意味で使われる。冷蔵庫のなかった時代、食べ物は腐りやすかったから、せっかくのご馳走が食べられなくなることもよくあった。

◎初ガツオ

「目には青葉、山ホトトギス、初ガツオ」の一部で、春が過ぎて少し暑くなった頃、梅雨の前で清々しい季節になり、山の木々が鮮やかな緑色になって、耳には渡ってきたホトトギスの声が聞こえる、そして旬のカツオが食べられるという、初夏到来の喜びを表している。

◎水清ければ魚棲まず

「水清ければ魚棲まず」は、フナやコイのような濁った水にすむ魚は確かに清流にはいないことから、あまりにきれいごとを主張しても、現実の世界では生きていけないことをたとえていう。ただしハヤなど清流でなければ生きられない魚もいる。

虫にまつわる言葉

伝統的な「むし」は昆虫とは違い、クモや多足類などはもちろん、トカゲやヘビまでも含む、小動物全体を指す総称である。「蛇」という漢字が虫偏《むしへん》であり、「爬虫類」も「虫」を使っていること自体が「むし」は昆虫に限らないことを如実に表している。ヘビのマムシは「真虫」であり、「むしの中のむし」、「ザ・むし」という意味である。つまり「むしの親分」というイメージで、毒ヘビであり、ときに人を殺すこともあるから、「むし」でも軽視できない存在という響きがある。古い言葉ではワシのことを「まとり（真鳥）」というが、これも「鳥の中の鳥」ということである。

さて、「むし」は小動物の総称ではあるのだが、私たちが一番目にするのは昆虫だから、「むし」は実際には昆虫を指すことが多い。「むし」は小さい生き物だから軽く見られる。たとえば、「虫も殺さぬ」という表現があるが、これはやさしい人のことをいう。この言葉には、ふつうの人は「むし」くらいは殺すのは当然だという前提がある。「虫けら」というときはより強い蔑視のニュアンスがある。

さらに悪い表現には「蛆虫《うじむし》」があり、とても嫌な人間の蔑称だが、蛆虫とはハエの幼虫である。ある種のハエは死体や汚物に産卵し、孵化《ふか》したのが蛆虫で、実に不愉快な生き物である。1匹いても気味が悪いが、多数がうごめくのを見るとぞっとするほどだ。戦後しばらくはトイレは水洗ではなく、排泄物は便器の下に溜められており、そこには蛆虫がうごめいていた。親のハエが卵を産みに来るのだが、そのハエが食べ物にも飛んで来る。想像しただけで気持ちの悪い話だが、今はこういうおぞましい風景は消えた。

「社会のダニ」は暴力団などに迷惑感を込めて使われるが、実際にダニを見た人はさほどいないと思われる。ノミやシラミも同様で、これらは寄生虫である。寄生虫には体内にいるカイチュウなどと、ダニやシラミのような体外につくものがいる。ダニもノミやシラミも管のような口を皮膚に刺して血を吸う。

こういう人の迷惑になるために嫌われる「むし」もいるが、日本人の「むし」に対する感覚はそれだけではなかったようだ。

◎一寸の虫にも五分の魂

「一寸の虫にも五分の魂」は小さな「むし」だからその命も軽いものだが、それでもその小さな体の半分ほどの魂は持っている、だからいたわるべきだ、という意味が背後に感じられる。

◎玉虫色の決着

昆虫の外観については「玉虫色の決着」という表現があり、使い方としてはいろいろな見え方をするタマムシの色のように、どうとでも解釈できる決着という意味で、良い意味ではない。タマムシはたいへん美しい甲虫で、緑色、金色、赤などが混じったうえにメタリックに輝く。確かにタマムシの体は角度によって違う輝きがあるが、どうせならそのすばらしさを表現してほしいものだ。

◎トンボ返り

「トンボ返り」は仕事で出張したのに、ゆっくりできないで、そのまま戻ってくるときなどの表現である。オニヤンマのような縄張りをパトロールするタイプのトンボは直線的に飛んでは縄張りの縁に来ると突然Uターンするから、このことを知っていて表現したと思われる。

◎極楽トンボ

「極楽トンボ」は悩みのなさそうなノーテンキな人をたとえて言う言葉だが、これはオニヤンマのような速い飛び方をするトンボではなく、アカネなど空に浮かんで風に翅《はね》を震わせながら飛んでいるトンボのことだろう。そのトンボを見て、「ああ、自分もあのトンボみたいに気楽に高いところに浮かんで、遠くまで飛んでみたいものだ」という気持ちを表しているのだろう。

◎尻切れトンボ

私は「尻切れトンボ」という言葉を勘違いしていた。私も子どもの頃トンボ捕りに夢中になった。捕まえては体を糸で軽くしばって飛ばせて遊んだものだが、ときに尻尾がちぎれてしまうことがあった。そうなるとバランスがとれなくてうまく飛べなくなるのだが、「尻切れトンボ」とはそういうトンボのことだと思っていた。

ところが調べてみるとそうではなく、「トンボ」というのは鼻緒をトンボのように結んだ草《ぞう》履《り》のことで、短くてかかとの部分はなく、地面についてしまうもののことらしい。私が育った昭和30年代の鳥取の農家などで使われており、「足半《あしなか》」と呼んでいた。短いほうが土踏まずのところを刺激するので疲れないという説明を聞いたが、かかとが汚れるから履物として良くないだろうと思った。「尻切れトンボ」という言葉は、トンボとは無関係で、ものごとが最後まで完遂されないことを表現する。

◎アブハチとらず

「アブハチとらず」とは欲張ってふたつのものを手に入れようとしてどちらも失敗することで、「二兎を追うものは一兎をも得ず」と同じ意味であろう。アブとハチはどちらも迷惑な動物で、アブは家畜の血を吸うのがいるし、ハチは人も刺し、ひどく痛い。その意味でハチは自然界では「有名」で、鳥にしても両生類にしても昆虫を食べて生きている動物はたくさんいるが、ハチを食べるとひどい目にあう。それで黄色と黒のだんだら模様のハチがトラウマになって、二度と食べないようになる。アブの仲間にはこれを利用して、無害なのに黄色と黒のハチにそっくりな模様を持つことで、捕食を回避するものがいる。まさに「虎の威を借る狐」である。

ここにとりあげた動物は多かれ少なかれ私たちが目にすることがあり、その言葉を使うことで、その動物を実感できるものである。ただ、そうでない言葉もあり、それを次に紹介したい。

想像上の動物に対しての言葉

実際には見ることはなかったはずの動物や、想像上の動物の言葉もある。

◎豹変

ヒョウやトラは日本にはいないが、言葉はある。「豹変」は突然態度を変えることをいうが、ヒョウの毛色が黄色に黒い点があるのを、突然変化するということの例としたようだが、それならトラの模様でも同じなので、「なぜヒョウか」については納得できない。

◎虎の子

「虎の子」はトラが子どもを大切にするとの考えから、大切なものをいう。

◎虎穴に入らずんば虎子を得ず

「虎穴に入らずんば虎子を得ず」はトラの子のように貴重なものを手に入れるためにはトラの巣穴に入るという危険を冒さなければならない、ということで、何ごとも大切なものを手に入れるには危険を冒す勇気が必要であるという意味で使われる。しかし、こういう漢文調のことわざを会話に出すこと自体が時代遅れなのか、今ではあまり使われないように思う。

◎男はみんなオオカミ

「男はみんなオオカミ」はことわざではないが、昔からわりあいよく使われる表現である。意味は礼儀正しい、あるいはやさしそうな男でも、考えていることはひとつ、油断はならないという意味で使われる。

◎オオカミ少年

イソップの寓話で、少年が「オオカミが出た」と嘘をついたら大人が逃げ惑ったのをおもしろがって繰り返すうちに誰も信じなくなり、本当にオオカミが出たときに助けてもらえなかった、だから嘘をついてはいけないという教訓話である。

◎群盲《ぐんもう》象を撫《な》ず

「群盲象を撫ず」は、何人もの盲目者がゾウをなでて、ある者は「鼻が長い動物だ」、ある者は「耳の大きな動物だ」、あるいは別の者は「脚の太い動物だ」と部分を見て全体をとらえられないことをいう。

◎登竜門

その道を選んだ若者が評価される機会のことを「登竜門」という。想像上の動物である龍（あきらかに爬虫類の1種であろう）が滝を登るように勢いよく地位を上げることを表現する。

このように、一部の野生動物や外国の動物、あるいは想像上の動物はイメージが先行し、言葉を作った人、それを使う人の想像力の産物といえる。そうした表現は会話に豊かさを生み出している。

現状ではピンとこなくなった言葉

動物にまつわる言葉をとりあげて感じることのひとつは、その言葉ができたときはみんながその動物を見ていたから言葉の意味を共有できたが、今は人々が見ることはなくなったため、実感がないまま言葉だけが形式的に使われていることが多いということである。

戦後しばらくして生まれた私たちの世代であれば、たとえば家にネズミがいたが、今の若い人は家でネズミを見たことはないから、ネズミについての表現がわからないだろう。ということは、この半世紀ほどで私たちの生活が、動物との関係という意味で大きく変化したことを示している。ここではそういう言葉をとりあげてみたい。

◎イヌも食わぬ

「イヌも食わぬ」という表現は今ではあまり使われないが、きわめてまずい食べ物のことをいう。これはイヌに残飯などを与えていた時代の言葉で、イヌは残り物でも喜んで食べるのを見ていたために生まれた表現である。現在の高価なドッグフードのことを考えれば、イヌが食べないものがまずいとは限らない。グルメなイヌは人が食べるものを食べないかもしれない。

◎犬死に

「犬死に」とは無駄な死に方のことで、これもイヌの生命が軽んじられていた時代の言葉である。もっとも、現在のペット・ブームの陰で多数の子犬が「犬死に」しているという厳然たる事実はある。

◎イヌも歩けば棒に当たる

実行してみれば幸運や災難に出会うこともあるということわざだが、この言葉ができたときは、イヌは鎖につながれることなく、自由にあちこちを歩く存在であった。そして町中にはいろいろなものが雑然と置いてあり、棒が立てかけてあることもよくあったから、それをイヌがひっかけるようすを表現している。

しかし、イヌの飼い方も町のようすも変わってしまったため、言葉としてもあまり使われなくなった。また、この言葉はいろはカルタのひとつで、その筆頭の句である。正月に家族でいろはカルタをするという習慣がすたれたことも、この言葉の空洞化につながっている。

◎ネコも杓子《しゃくし》も

「ネコも杓子も」はネコがいたるところにいるということで、何かが流行して、誰もがそのあとを追いかけるようなときに使われるが、現在はネコがどこにでもいるという実感はない。杓子も同様で、どこにでもあるという感じはしない。調べてみたら、「女子《めこ》も弱子《じゃくし》も」が変化したものだという説があるそうだが、これはこじつけのような気がする。

◎窮鼠《きゅうそ》ネコを噛む

ネズミのように小さくて無力な存在でも、最後に逃げ場を失えば恐ろしいはずのネコの鼻に噛みついてネコに悲鳴をあげさせることもあるということで、だから小さい存在を軽視してはいけないという警告の意味がある。現在は家の中にネズミがいるというのは、想像もつかないので、ネコがネズミを捕まえようとする姿もほとんど見かけない。

◎イタチごっこ

「イタチごっこ」はイタチ同士がグルグルと追いかけ合うことから、きりがないことのたとえに現在でもよく使われる。しかし、イタチを見たことのある人はきわめて限られ、ましてイタチが追いかける姿を見たことのある人はほとんどいないはずで、言葉だけが独り歩きしている。

◎イタチの最後っぺ

追い詰められた人が最後に抵抗することで、もともとはイタチが肛門近くにある分泌腺から出す分泌液が悪臭であることから来ている。この言葉も実感なしに独り歩きしている。なお、排泄や放屁に関する言葉も、私が子どもの頃は大人の会話によく出てきたものだが、今ではほとんど使わなくなった。

◎脱兎のごとし

「脱兎のごとし」は、逃げるウサギのように、ということで逃げ足が速いことを示す。私は何度かノウサギが走るのを見たことがあるが、私の周辺でも見たことのない人のほうが多い。なお、同じウサギでもアナウサギは走るのは速くない。

◎カラスの行水

風呂に入ってもよく洗わずに出てしまうのを「カラスの行水」という。カラスに限らず鳥は羽の手入れをし、汚れを落とすために水たまりなどに浸かって羽を濡らし、整えて水を切る。それを見て、鳥はいかにも簡単に行水をすますという表現である。シャワーが普及して行水もあまりしなくなった。

◎イスカの嘴《はし》のくいちがい

イスカの嘴は先が曲がった上嘴と下嘴が左右にずれているため、イスカが松ぼっくりの笠の間に嘴を入れて噛むとねじれた力が加わって笠が開き、種子が取り出せる。イスカの嘴がずれていることから、話がずれてものごとがうまくいかないことを表現する。ただ「イスカの嘴」ともいう。現在、イスカを見る機会は少なくなった。

◎井の中の蛙、大海を知らず

井戸にすむカエルは大きな海を見たことがないということから、

イスカ

見識の狭い者が物を知らないまま慢心する愚かさをいう言葉。しかし、今は井戸がなくなったし、カエルも少なくなった。井戸があった時代でも、井戸にはカエルがいることもあまりないように思う。もっとも、この「井」は井戸ではなく、池のことかもしれない。しかし世の広さを知らない者のたとえとして、この表現はすばらしい。

昆虫であればもともとものを思うとは思えないから、昆虫が狭い空間にいても「庭のコオロギ、大海を知らず」では説得力がない。カエルは小さいが昆虫よりははるかに大きくて、姿も日本人が座って挨拶をするような姿勢をしているし、目も口も大きくて表情もあり、もの思うような雰囲気があるので、擬人化しやすい。私の個人的印象かもしれないが、トノサマガエルの口元は笑っているように見える。

カエルは田んぼなどにいくらでもいたから、誰でも目にする動物であった。そういうところでは群れるようにたくさんいるが、これが井戸に1匹だけいるとなると、いかにも狭い空間にいて、あの表情だから、確かにその世界で慢心しているように見え、それを見る人からすれば、「お前はそれで世界がわかっているようなつもりかもしれないが、オレのいる地上にはもっと広い世界があるんだよ」と言いたくなる。井戸にしてもカエルにしてもチョイスがすばらしい。

◎タデ食う虫も好き好き

「タデ食う虫も好き好き」は人の好みはさまざまだということでよく使われるが、タデは辛い味がすることや、それを食べる昆虫がいることを知っている人は多くないように思う。

◎ウナギ登り

数が急に増えたり、勢いが急速に強くなるようすを「ウナギ登り」というが、ウナギが川を登るのを見たことのある人はどれだけいるだろうか。ウナギは海から川に戻ってくると、川をさかのぼるが、ほかの魚と違い、川の岸や岩のようなところもヘビのように登るし、雨の日は陸上でも進む。だから「のぼる」は「昇る」でもあるが、「登る」のほうがウナギにふさわしい。それを見た昔の人が実感をもって言った言葉であろうが、今は言葉だけが独り歩きしている。

◎ケラの水渡り

これも巧みな表現だが、私自身もう長いことケラを見たことがない。ケラは前肢がたくましくて、地中を勢いよく掘り進むのでおもしろく、以前は子どもがよく遊んだ。水につけると一生懸命泳ぐが、なんといっても穴掘りの得意な昆虫なので、水の上ではなかなか先に進まない。これが「ケラの水渡り」であり、何事にも得手不得手があり、できないことは頑張ってもできないということのたとえである。

ケラ

◎蟷螂《とうろう》の斧

カマキリが自分の力量も知らずに強がることの愚かさをいうもので、カマキリはまだ見かけるが、言葉としてはほとんど聞かない。このあたり、昆虫が少なくなったために、言葉も死語化している。

以上、会話にとりあげられる動物を含む言葉を見てきたが、そこには動物の形態や行動を巧みにとらえたすぐれた表現がある。また、人間がすぐれていて、動物は劣っているという優越感と蔑視もある。人々の意識の中に動物の存在がかなり大きかったのであろう。

しかし、もともとは誰もが共有していた動物に対する印象が、現在はわれわれの生活の変化によってその動物を見る機会がなくなったために、実感をともなわないで、言葉だけが独り歩きしている例がかなり多くなっている。

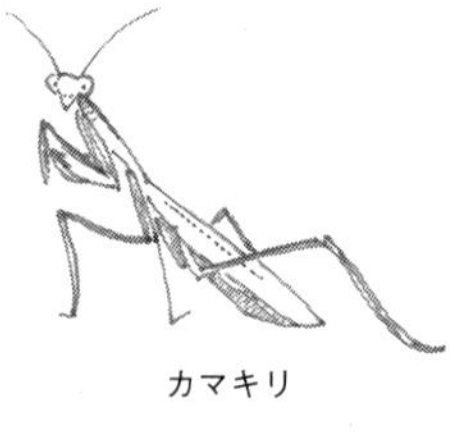

カマキリ

第2章

動物への
イメージは
どこからきたのか？

本書では動物についての動物学的情報よりも人間との関係について書くという目的から、動物に対するイメージについて考える。イメージであるから当然主観的なものである。可愛い、怖い、気味が悪いなどの感情は、動物の特徴とそれを見たときに感じる人の感覚によるが、この感覚も、おそらく遺伝的と思われるものと文化的なもの、つまり大人から教えてもらって抱くようになる感覚とがあるようだ。それは、しばしば良くも悪くも動物の実像とのずれがあり、場合によっては強い偏見になることもある。ここではそのことについて考えてみたい。

初めに、そもそも私たちが動物に対して抱くさまざまなイメージが何に由来するかを生物学的な発想で考えてみる。そのために好まれる動物と嫌われる動物という単純な比較をしてみたい。

進化生物学的に見た好まれる動物の条件

人は子どもを可愛いと感じ、大きく力のある人を頼もしいと感じ、健康で明るい人を好ましいと感じる。それには進化生物学的根拠があり、幼児を可愛いと感じる性質を持つ遺伝子のほうが、そうでない遺伝子よりプラスであったからだと考えられている。同様に、大きく、力のある人や健康で明るい人は、いっしょに暮らすとより良い安全な生活を送ることができ、長生きできるからと考えられている。そして、そのような感じ方は動物へも投影される。

幼児的な体型とは全体に小さく、相対的に頭が大きく、顔の中で目が大きく下のほうについているなどの傾向がある。そのため、そういう体型の動物を見ると、実際にそうであるかないかは別として、可愛いと感じてしまう。その代表的なものがパンダ、コアラ、ウサギ、モルモットなどである。タヌキもややこういう要素があるかもしれない。

余談ながら、小さいことは可愛いことにつながるのだが、巨大獣であるゾウは子どもに人気がある。それは巨大であり、鼻が長いなど特別な動物ということもあろうが、ゾウは体が丸っこく、相対的に四肢が短く、頭が大きい。これらの点は幼児的特徴であり、子どもはそこに共感を覚えるものと思われる。

もちろん、「可愛い」の定義も一筋縄ではいかず、よく若い女性などが使う「カワイイ」は道具類にまでおよぶのでさらに複雑だが、従来の使い方でも、重い荷物を一生懸命運ぶウシや、疾走する競走馬を「可愛い」と感じる人は少なくなかった。この場合の「可愛い」はずるいことを考えてサボろうとしない姿勢や、迷いのないひたむきさなどに対するものであろう。

可愛いと感じるのは好意のひとつだが、憧れ、あるいはすばらしい、かっこいいなどの感情も好意といえる。体格が良く、力があり、健康で運動能力にすぐれた人間は人気がある。そういう人を伴侶にすれば健康で楽しい人生を送ることができ、たくさんの子どもが生まれ、長生きができる可能性が大きい。そういう外見を持つ動物も、それが投影されて人気がある。ウマ、トラ、ライオン、チーター、ゾウなどにそうした要素が認められる。

次ページ図には可愛い哺乳類としてナキウサギを、かっこいいと感じる哺乳類としてウマをとりあげた。ナキウサギは体が小さく全体に丸っこく、顔も丸く、大きな目が下のほうについているので、幼児を連想させる。一方、ウマは長い顔を「馬面《うまづら》」というように前後に長くて、鼻面が伸びており、鼻の穴も大きく、顎の「えら」が大きく発達しているので、人でいえば鼻が大きく、顎のがっちりした男性を連想させる。

イルカやアザラシなども人気があるが、力強さや躍動感がある。もっともアザラシの場合はのんきそうな表情も人気の要素かもしれない。

図に、生物学的には同じ種に属すイヌの品種として、可愛いほうでチワワ、凛々しいほうでシェパードをとりあげた。チワワは小さく、おでこが大きく、つぶらな目が顔の下のほうについており、幼児をイメージさせる、これに対してシェパードは体が大きく、鼻の部分が前に大きく突き出しているので、鼻の高い男性をイメージさせる。

鳥ではヒタキ類などの小鳥や、猛禽類、ツルなどに人気がありそうだ。小鳥の小さな体、つぶらなひとみ、素早い動きは可愛さを感じさせる。図にはその代表例としてエナガをとりあげた。一方、猛禽類の人気の理由は凛々しさであり、ツルは美しさであろう。図にはハクトウワ

横顔の比較図

シをとりあげたが、私たちは鳥の顔を見ると人の鼻と重ねて見てしまうので、ワシの嘴は大きい鉤鼻《かぎばな》に見える。眼光は鋭く、頭部の羽毛は直毛で、ツヤのある白髪を連想させる。このため全体として知的でたくましさも感じさせる男性をイメージさせる。

キジ、オシドリ、カワセミなどは鮮やかな色彩の美しさであろう。このあたりになると、人への印象から来るイメージの延長線上にあるということでは説明できず、純粋にその動物の美しさに惹きつけられるということであろう。淡水魚のタナゴやオイカワ、ヤマメなどの美しさを賞賛する人もいる。チョウや甲虫には色彩や形態が魅力的なものもいる。美しいと感じる感覚にも進化的必然があり、たとえば果実を好む動物として、色鮮やかな果実を見つける能力が健康や生存率に影響しているのかもしれない。

パンダはどうして人気者なのか？

パンダは前節で考えた「可愛さ」を備えている。体は全体に丸っこい印象がある。前肢はクマと違いがないように見えるが、後肢はあきらかに短く、大きく内側に曲がる「O脚」である。一方、白黒の大胆な模様は「不自然さ」を感じさせる。多くの哺乳類は目立たない体色をしており、茶色や灰色を基調とした体色が多い。私は試みにパンダの体型にタヌキの体色をつけた「タヌパンダ」を描いてみた。するとヒグマのようなイメージになった。もしパンダの体色がこうであったら、これほどの人気者にならなかったのは確実であろう。

目立つ体色の哺乳類としてはシマウマやキリンなどがあるが、こういう動物は開放的な環境に生息し、隠れるよりは他者に自分の存在をアピールすることのほうが有利であるらしい。では、パンダはシマウマのように、目立つことが有利になっているのだろうか。

どうもそうは思えない。というのは、キリンやシマウマがサバンナに暮らすのに対して、パンダは森林にすむ動物であり、そこでは目立つよりは目立たないほうが有利だと考えられるからである。ただ、白と黒とが大きめにザックリと分かれていると、視界が悪いところでは黒の部分が動物の体と認識できない可能性は大きい。たとえば林で逆光の場合、パンダの白い部分は目立つが、黒い部分は木の幹と連続的に見えるため、クマのような体型の動物であることがわかりにくい可能性はある。

逆に順光で背後が暗い場合、黒い部分が背景にとけこみ、白い部分が飛び離れて見えるかもしれない。つまり、大胆な白黒模様は体型をとらえにくくするという隠蔽《いんぺい》効果があるかもしれない。この点で、パンダはマレーバクと共通である。

「タヌパンダ」

このパンダの大胆な体色パターンは、大きめの布で作った、文字通り「生きたぬいぐるみ」という印象を与える。そのことは、パンダを野生動物であると思いにくいという効果をもたらすのか、現に多くの人はパンダを野生動物とは思っていない。

この白黒模様の決定的効果は目の周りの「垂れ目模様」である。ある人がパンダの写真を画像処理して目の周りの黒を白に変えていた。私はこのアイデアを借りてスケッチしてみた。これを見ると、垂れ目模様のないパンダはまったく可愛くなく、むしろ陰険な印象さえある。

目は印象に大きな影響力を持つ。人の顔が成長するほどには目は成長しないから、幼児の目は顔の中で相対的に大きく、しかも顔面の下のほうにある。このため、目が大きく、

林の中のパンダが逆光の場合(左)も順光の場合(右)も体型がとらえにくい可能性がある

パンダの顔(左)と目の周りの黒い模様をとった顔(右)

下についていることは幼なさを印象づけ、可愛いと感じさせる。画家はそのことを強調して描き、その典型は「ゆるキャラ」に見られる。パンダの目の周りの模様は目が下についていて、「垂れ目」であると錯覚させる。というわけで、パンダは私たちが「可愛い」と感じる要素を持つどころか、それがどぎつく強調されているといえる。

恐怖心や不快感が嫌われる動物を生む

動物に対するマイナス・イメージとしては恐怖がある。実際に接して危険な動物には恐怖を感じるから、そういう動物の持つ外見的特徴や行動がヒトに恐怖心をもたらすようになったであろう。

進化生物学では、そのように恐怖心を持つ個体のほうが生存率が高かったと考える。大きいこと、力が強いこと、尖ったキバや角、蹄《ひづめ》などは攻撃される側に恐ろしさを感じさせるから、そういう性質は恐怖感と連動したであろう。

大蛇、ワニなどの爬虫類や魚類のサメなどはまことに恐ろしいと感じるし、カミツキガメという外来種も見るからに恐ろしげな外見をしている。トラやライオンのキバを誇示する行動、うなり、爪を出して襲いかかるなどの行動も恐怖心とつながる。

海産の魚、タコ、貝、ヒトデなどには毒を持つものがいるし、チャドクガというガの幼虫は毛虫で、毛は毒針になっており、触れるとかぶれる。有毒であるとか、トゲを持つなどが恐怖とつながるのであろう。こういう場合は体験したり、大人から教えられたりして恐怖となるかもしれない。

ハチの派手なトラ模様は「警戒色」といわれ、実害がある動物が自分の存在を誇示するために目立つ色模様を持つことである。一度ひどい目にあって、それ以降は危ないから回避するように学習するのかもしれないが、あるいは恐怖心が遺伝的に組み込まれているのかもしれない。イモリの腹は真っ赤で、黒い背中側と強いコントラストを持つジャコウアゲハは成虫（チョウ）も幼虫も黒地に赤の模様を持ち、幼虫には突起がある。この赤と黒のツートンカラーは不気味さを感じるから、そういう毒々しさは遺伝的に組み込まれている可能性がある。ムカデは刺されると激痛があり有害だが、外見も黒い体にオレンジ色の脚がたくさんあり、不気味さがある。これも警戒色であろう。

カに刺されたり、アブにとまられると、ハチのように痛いとか危険とかいう害ではないが、かゆさは不快感となる。ダニ、シラミはかゆみをもたらし、ヒルは出血をもたらすので、不快である。これらは怖いのではない不快感というマイナス・イメージである。

食物を蓄える場所や調理をする場所は放置すれば不潔になりがちである。腐敗して悪臭を放つし、ネズミやゴキブリなどがいつく。こういう不快感がネズミやゴキブリにマイナス・イメージを与えたかもしれない。

こういう有害動物あるいは迷惑動物（不快動物）は健康で快適な生活を乱すが、生活の撹乱《かくらん》の最たるものは病気である。だが、病気そのものの原因は長い間不明なものが多かった。人々は何か不思議な力が働いて病気になると考えた。だが不潔にしておくとお腹が痛くなるなど体調が損なわれることは体験的に把握していたかもしれない。だから不潔な場所にいるネズミやゴキブリが病気をもたらすと考えて嫌悪した可能性もある。

ヘビはなぜ気味が悪いのか？

次に気味悪さを考えてみる。気味悪さと恐ろしさには重なる部分があるが、気味が悪いほうには危険はない。その意味では進化生物学的な説明は難しい。気味悪いと感じるだけでは見る側の生存に影響しないからだ。

しかし、実際に危険なものがあり、その動物と共通な特徴があれば不快に感じ、嫌悪感を持つということはあるだろう。気味悪いとされる動物をとりあげてみよう。

ヘビ

気味悪い動物の代表は、なんといってもヘビであろう。私たちはなぜヘビを気味悪いと感じるのだろうか。

ひとつの説明は毒ヘビに実害があったため、ヒトがヘビに危険を感じるようになり、それが遺伝的なレベルに達しているというものであろう。実際、毒ヘビに咬まれて死亡したり、重症になったりすることがある。そのために、無毒で大きくないヘビも嫌悪するようになったというのは一定の説得力がある。ヘビのことをまったく見たことのない3、4歳児にヘビの写真を見せたところ、複数の写真の中からヘビだけは素早く見つけたという実験結果があり、このことからヒトがヘビを怖がるのは本能的なものであるとされた。

ただ、もう少し間接的な事情もあるように思える。ヘビの外見的な特徴の最大のものは長いということである。ルナールの『博物誌』での記述で、ヘビは単に「長い」とあり、おかしいのだが、それほどヘビの細長さは印象的だ。それは気味悪さとつながるだろうか。私自身の経験でいえば、ヘビを見つけて頭に注目しているときに、不意に離れたところでカサカサという音がしてゾッとしたことはある。しかし、長ければ気味悪いかといえば、ウナギでもミミズでもそうでもない。少なくともヘビほどではないように思われる。

ヘビの嫌いな人は、そのすべてが嫌いだという人もいれば、ウロコがダメだという人、目つきが不気味だという人、脚のないのが嫌という人もいる。

ヘビの目つきは確かに不気味さがある。一般に目は「黒目がち」が可愛さを感じさせるが、黒目（虹彩）と白目（結膜）の割合で黒目が小さいと残酷なイメージを抱かせる。キツネの目がそうであるし、ヘビの目も虹彩が小さい。

そういう外見的なこととは別にヘビに独特のこともある。体が長いことに関連するが、ヘビはとぐろを巻くという行動をする。グルグルと巻いた体の中央に頭があるのは異様な感じがある。逃げるときに、ネズミや昆虫であれば、あわててバタバタと去っていくという逃げ方をするが、ヘビはスーッと進み、あわてたという感じをさせない。そして表情がない。

私は小学生の頃にヘビに不気味さを感じたことがある。夏休みに母の実家の農家に行っていたとき、隣の家のニワトリ小屋をのぞいた。そうしたら、突然ボトッと音がして1メートルをはるかに超える大きなアオダイショウが小屋の上から地面に落ちてきた。いとこが言うには、ヘビは卵をそのまま飲み込むが、殻が消化できないから、そうして落ちることでお腹の中の卵の殻を割るのだということだった。確かにお腹が大きく膨らんでいたが、そのときも表情のなさが不気味だった。

別の雨の日、池でコイを見ていたら、石垣からシマヘビが出てきて池を泳いで横切った。泳ぐといっても水中をではなく、水面に浮かんでジグザグに進んだのだ。なぜ水に浮かべるのか不思議だったし、頭を持ち上げて泳ぐようすから、ただならぬ存在だと感じた。神々しい感じさえし、魔法を見たような気がした。

そう考えると、有毒であることや、大蛇の危険性ということもあるが、姿も行動も哺乳類の常識からいえば「ただならぬ」とか「信じられない」という感じを抱かせるものがある。

実際に世界中にヘビ信仰がある。その要因としては、すでに述べたように動物として特異な形態を持ち、行動をとること、また食べ物がなくても長いこと生きていることや、脱皮をすることも印象的であるため、強い生命力、再生といったイメージが発展したようだ。ヘビの頭部が陰茎を連想させることも生命力とつながるという考えもある。インド、中国などにもヘビ信仰がある。ヨーロッパにもあり、キリスト教ではヘビを悪魔としている。

ヘビがからまった模様がデザイン化されたものがいろいろあるが、杖にヘビが巻きついたのは医学（ケーリュケイオン）、コップにヘビが巻きついたのは薬学を象徴し、シンボルマークとなっている。またウロボロスはヘビが自分の尾を食べるようすを描いたもので、これは初めも終わりもない「環」であり、永遠に生きることの象徴だと考えられた。

　これは、ヘビが脱皮をすることから、再生すると考えられ、また食物を食べないでも長生きできることから不死の動物と考えられたからとされる。日本ではヘビの抜け殻は財布に入れておくと、お金に困らない縁起物とされる。

　日本でも白蛇の信仰は各地にあるし、頭が8つあるヤマタノオロチもよく知られる。

　気味悪がられる動物にはヘビのほかではトカゲ、ゲジゲジ、コウモリ、ミミズ、ゴキブリ、クモ、毛虫といったところか。これらに共通なのは小さい、ふつうの哺乳類に比べると細長い、ヌルヌルする、テカテカするなどの異質感があることである。

　自分とは違うものに対しては、大きければ怖い、小さければ気味悪いとなるのかもしれない。細長いこと自体には危険性はないが、ヌルヌルとかテカテカは哺乳類とは違う異質感を感じさ

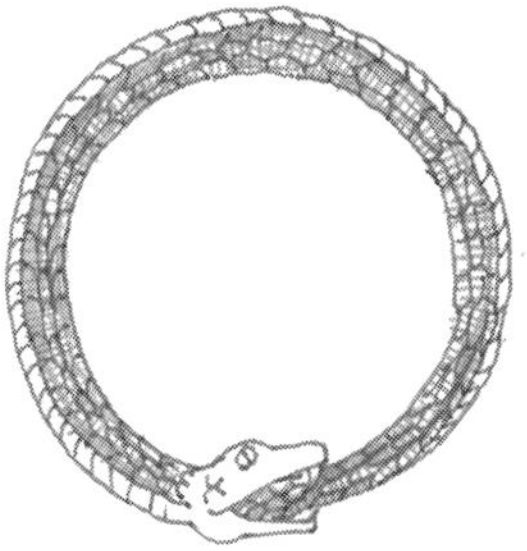
ウロボロス

ケーリュケイオン

せる、あるいは液体との関連を連想させ、不潔感などにつながり、それが不快に感じさせるということもあるかもしれない。そうであれば、自分の健康維持という点で生存率に関係するといえるだろう。

コウモリは細長くはなく、テカテカ感もない。コウモリを間近で見たことがある人はさほど多くないであろうが、見れば黒い体、長い翼を折りたたんだ異様な姿などに直感的には気味悪さを感じる。体が大きければまちがいなく恐ろしい動物だろう。

質感も好悪を左右する

以上、動物の外見や行動などが私たちに与えるイメージの要因を考えてきた。外見については形を考えたが、もう少し考えておきたいのは前述した質感である。これは見た目もあるが、触ってみた感触も含む。

私たちは「裸のサル」であり、哺乳類には珍しく体毛が乏しいが、それが有利なことはあまりないように思われる。硬いものや尖ったものに触れたときのかすり傷は体毛があればかなり抑制できる。ただし、顔面に毛がないのは多くのサルにも共通であり、表情がわかりやすいという機能的意義がある。

私は「人の裸化」についての議論を知らないが、衣類を身にまとうようになったあとに一種の「品種改良」（自己家畜化）のような変化が起きたのではないだろうか。衣類が確保されれば、体毛がないことは、たとえば母子や雌雄（男女）のスキンシップなどのプラスの効果が生まれて、より進んだということがあるかもしれない。

しかし人の頭部には体毛（髪）が「残って」おり、子どもや恋人の髪をなでる行動はよく見られるから、快感を覚えるのだと思われる。子犬や子猫のむくむくの体を抱くのは気持ちが良く、好まれる。

鳥には羽毛があるが、私の知る限り、鳥の羽毛を触って気持ちが良いという人は少なく、むしろ見て美しいと感じるのが一般的なようだ。その点、爬虫類や両生類は体毛がなく、爬虫類ではウロコを持つものが多い。魚類も大半はウロコを持つ。

ヘビは光沢があるが、これはごく薄い脂質が分泌されているからだという。昆虫や多足類には体表に光沢があるものが多い。ミミズは体表がテカテカしている。これらは少なくとも好感を持たれることはなく、むしろ気味悪さや嫌悪感を持つ人のほうが多いようだ。

「鳥はきれいだと思うけど、脚のウロコがダメ」と言った女性がいる。これは哺乳類であるわれわれが、「動物は温かくてふわふわしたもの」という先入観を持っていて、それと違う「冷たくてペタッとしたもの、あるいはザラザラしたもの」に異質感を抱くからであろう。

文化によって違う扱い!?

　ここまでは人間がヒトという動物として対象動物に対して直感的に感じる好感や嫌悪感について、動物の特徴をあげながら考えてきた。かなりが合理的に説明できたが、もちろん人の持つ感覚はそう単純なものではない。

　動物と文化的側面については、特定の国におけるサルとかヘビとかそれぞれの動物についてだけでも詳細な書物が膨大にあり、著者によっても見解がさまざまである。それらを網羅的に紹介することはもちろんできないし、それほどの意味もない。

　ここではいくつかの例をとりあげて、直感によるイメージと文化的な影響を受けたイメージが違う場合を紹介することで、このことの意味を考えてみたい。

洋の東西で違うオオカミ

　私がよい例だと思うのはオオカミである。現在の日本にはオオカミはおらず、イメージしかないが、そのイメージはヨーロッパの童話などの影響を強く受けている。それは悪魔のように邪悪で、残酷な動物というものである。

私はこれをヨーロッパの生活の基盤がヒツジの放牧と麦の耕作にあり、そのヒツジを襲うオオカミが知能が高く能力があるだけに、憎しみも強くなり、悪魔と同一視されるようになったと考えた（高槻2006b）。

これに対して日本では伝統的にはそうではなかった。稲作が基盤である日本においては、農作物を荒らすイノシシやシカは困り者で、有効な駆除手段を持たない農民にとって、彼らを襲ってくれるオオカミは心強い味方であった。その結果、恐ろしくはあるが、自分たちを守ってくれる動物としてありがたがられ、オオカミを祀《まつ》る神社もある。

つまり同じオオカミが、人間の生活基盤の違いによって、片や悪魔に、片や神になったということである。共通なのは人間が直感的に感じる、「オオカミは自分たちにないすぐれた能力を持っている」という感覚であり、それが生活基盤の違いから違う評価になったと思われる。

オオカミの例は人々の生活基盤が価値観を生み、それが違えば同じ動物に対して対照的なイメージさえ抱くことがあるということをよく示している。これを文化といえば、文化が直感的なイメージをかき消すほどの影響を持つということである。

コウモリが福をもたらす?

次にコウモリをとりあげたい。私は小学1年生のときに、果樹園で木の下にコウモリが落ちているのを見つけたときのことを鮮烈に覚えている。弱ってはいたが、まだ生きていたのでようすを見ていたら、長い腕を使っていざるように動いた。体には黒い毛が生えていて、ツヤのないビロードのような質感で、怖い顔をしており、動きが悪魔的でゾッとした。

ヨーロッパでのコウモリは相当良くないイメージを持たれている。イソップの寓話に、ケモノと鳥が戦争をしたとき、ケモノが有利になったら「私は毛が生えていますからケモノです」と言い、鳥が有利になったら「私は翼を持っていますから鳥です」と言い、戦争が終わったときにはどちらからも相手にされなかったというものがある。主体性のなさの皮肉、あるいは寝返りに対する批判の話だ。

なおコウモリには血を吸う吸血コウモリがいて、吸血鬼（バンパイア）と重複してイメージされる。吸血鬼伝説はヨーロッパでは古くからあり、恐ろしいものの代表とされ、キリスト教の影響下で十字架を嫌うなど悪魔や魔女と重ねてイメージされた。しかし吸血コウモリは南米のコウモリであり、中世ヨーロッパの吸血鬼伝説はそれとは無関係に発生したものである。

このようにコウモリのイメージは良くないが、中国ではまったく事情が違う。コウモリは漢字では「蝙蝠」と書き、中国語では「蝠」は「福」と同じ発音なので、福をもたらす縁起の良い動物とされている。これを知ったときは意外であった。一般には、コウモリを縁起の良い動物と信じるには説明を聞いて直感をリセットする必要があると思う。

中国でのコウモリの例は実際のコウモリを見たときに直感的に感じるイメージを離れて、名前の発音から価値観を決めるというかなり複雑な手順を踏んでいることになる。日本においてもブッポウソウと鳴くから「仏法僧」であり、見上げた鳥だ、などということがある。

名前といえば、私たちはたとえばヒツジについて、子羊、メス羊、オス羊と「羊」に前置きをつけて区別するが、英語ではラム（lamb）、ユー（ewe）、ラム（ram）と言い分ける。よく知っているものには細かく名前をつけ分ける例である。日本人は魚に親しんでいるから、稚ブリ、中ブリ、おとなブリなどと前置きをつけないで、イナダ、ハマチ、ブリと呼ぶ。

日本では伝統的に人の名前も変えたし、名前そのものに人格への影響力があるという考えがあるから、名前を変える魚は人が出世するごとく立派になってゆき、それはフナやメダカとは違うという理屈であろう。もちろん生物学的にいえば、メダカでもブリでも同じ変化をすることを知っているが、おいしい魚への好意から、そういう考え方を楽しむということが背景にあるのだろう。

想像上の動物はなぜ生まれたのか？

本書の対象ではないが、想像上の生き物もいる。身近なところでは龍やビールのラベルにある麒麟《きりん》、狛犬《こまいぬ》、同じものであるが獅子舞の獅子などであろう。これらは架空のものであることも共通の約束事になっている。つまり、これらがわれわれの前に現れると思う人はまずいない。だが、河童《かっぱ》はどうだろう。私たちには想像力があり、現実に見たものの延長線上にいろいろな動物を想像する。河童は爬虫類の「一種」であろう。それが、既存の動物の変形の域を超えるのは難しい。ところが、実際には人の常識の枠を超えるような動物も存在する。

現在の私たちは（麒麟ではない）キリンやゾウやサイ、それにゴリラやカモノハシ、アリクイ、ナマケモノなどが実在することを知っているが、現実に見る機会も、映像もなかった時代の人にとって、こういう動物の説明を聞き、絵を見せられても半信半疑であったに違いない。

世の中には見慣れたものとは少し違う生き物がいても不思議でなかった中世、近世の人々にとって、たまに聞く天竺《てんじく》（インド）や唐土《もろこし》（中国）の話に出てくる恐ろしい動物や会話に出てくる化け物ははるかに現実味のあるものだった。

カモノハシ

オオアリクイ

当時の人にとっても龍や獅子はいるわけのないものと思われていたかもしれないが、河童やムジナやヌエなどは、自分が見たことはないが必ずいて、そのうち自分も見るものだと思っていた。日本には川や池が多い。黒々とした深い淵は眺めていても想像力をくすぐる。

大人があそこに河童というものがいて、すごい力があって水中に引きずり込むから気をつけろと言えば、子どもの頭の中で現実の河童が想像される。それは現代の子どもにとって「確かにいる」サンタクロースと同じか、さらにリアリティのあるものだったはずだ。そして、それは子どもたちだけのものではなかった。人に悪さをして、恐ろしい目にあわせる「動物」はいたるところに「いた」のである。

ナマケモノ

私がここで考えようとしたのは、人が動物を見て直感的に受ける感覚がその動物へのイメージになることが多いものの、知識として伝えられるようになると、それが強調されることもあれば、ときには実態から離れて、名前や宗教的記述などに影響されて直感的イメージとは違うものになることもあるということである。

第3章

ペットとしての動物

人と動物の関係による類型

本書ではさまざまな動物と人とが持つ多様な関係について考えようとしている。そのために、適当に動物の名前をあげてみたい。少し多いが、ひとつひとつイメージしながら読み上げてほしい。

イヌ、カブトムシ、ウシ、ヤモリ、ペンギン、カマキリ、ナマズ、シカ、ミミズ、金魚、アゲハチョウ、クマ、カラス、タコ、ニワトリ、ケラ、コウモリ、イソギンチャク、パンダ、カメ、ハチ、ヘビ、カエル、ゾウ、スズムシ、ゴリラ、ハマグリ、アライグマ、サンゴ、ブリ、カンガルー、トビ、ダニ、ウナギ、イルカ、クワガタ、ハイエナ、ツル……

ひとつひとつイメージしようとしても、目移りしてしまって、なんだか頭がクラクラしてくる。しかも、これはほんの少数例にすぎない。人との関係という意味で、とりあげるべき動物はこれよりはるかに多いのである。このカオス状態を抜け出すためには整理が必要になる。

ひとつの整理は動物を分類群で分けるということ、たとえば哺乳類、鳥類、魚類、昆虫のように、生物学の分類にしたがって整理するということである。

いろいろな動物（大きさは不同）

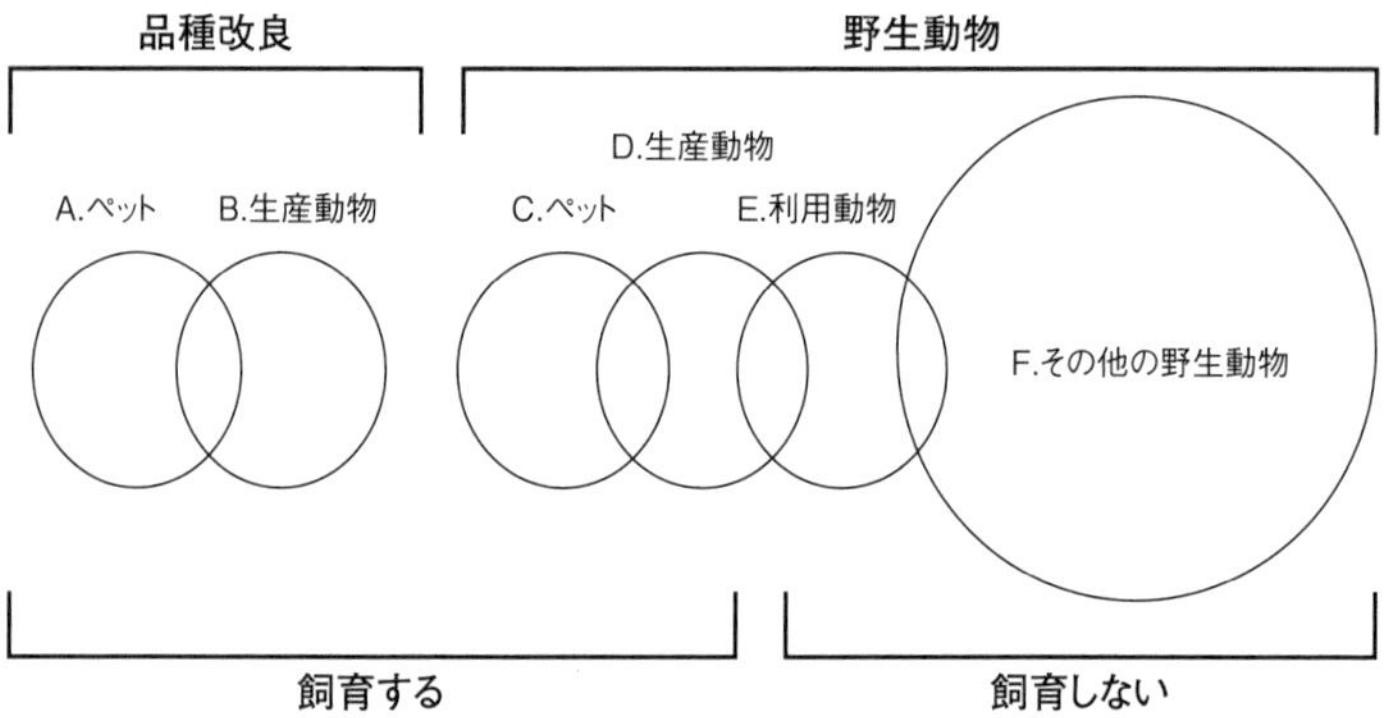

もうひとつは人間との関係について分けるということで、ここでは大きく、野生動物であるか、人によって品種改良されているかで分けることにする。さらに、人によって飼育されるか、されないかという分け方もある。

後者を整理すると上図のようになる。ごちゃごちゃにとりあげた動物から哺乳類だけをとりあげると、以下の12種になる。

イヌ、ウシ、シカ、クマ、コウモリ、パンダ、ゾウ、ゴリラ、アライグマ、カンガルー、イルカ、ハイエナ。

これを図の左から説明していこう。まずAのペット、これにイヌが該当するのは問題ないだろう。Bの生産動物という言葉は聞きなれないが、哺乳類であれば家畜と呼んでよい。ウシが代表的で、要するに人が生産のために利用できるよう品種改良した動物である。このAとBは野生動物から改良されたものである。

次にCは野生動物であるのにペットとして飼育されるも

ので、今の日本では原則禁止となっている。戦後しばらくはメジロなどの野鳥はよく飼育されていた。しばらく前のことだが、アライグマはテレビのアニメ番組で人気が出て、ペットショップで売られていた。アライグマはイヌやネコのような品種改良された動物ではなく、北アメリカの野生動物である。このあたりで、「あれ？」と自分の認識を改める人がいるかもしれない。

ではDの野生動物で飼育される生産動物とはなんだろう。実はこれは現在の日本では想定しにくい。だが、オーストラリアではシカを飼育して、肉をとったり角をとったりしている。Eの飼育はしていないが、利用する動物というのは狩猟動物で、シカなどは肉利用され、かつてはノウサギやテンの毛皮利用は重要な産業であった。

Fのその他の野生動物は、人がとくに利用しないもので、パンダ、ゾウ、ゴリラなどほとんどの野生動物はこれに属する。

ここでひとつ疑問が出るかもしれない。というのはパンダやゾウは動物園で飼育しているではないかということである。だが、ここではふつうの人が飼育するという意味でいっているのであって、動物園での飼育は別物とする。

身近な存在であるペット

まずとりあげるのは哺乳類のうちのペットで、図のAに該当する。

「ペット」という呼び方

平成になってからであろうか、あるいはもう少し前からであるかもしれない、イヌやネコを「愛玩《あいがん》動物」とは言わなくなった。どうもそれは英語でペットということに対する見直しがあって、コンパニオン・アニマルなどと呼ぶようになったことに呼応しているようだ。

ペットというのは主人がいて、それに服従するというか、ただ可愛がられる存在であり、失礼である。そうではなく、盲導犬は飼い主の役に立っているし、主従関係というよりはむしろ家族あるいは伴侶《はんりょ》のようなものであるから、コン

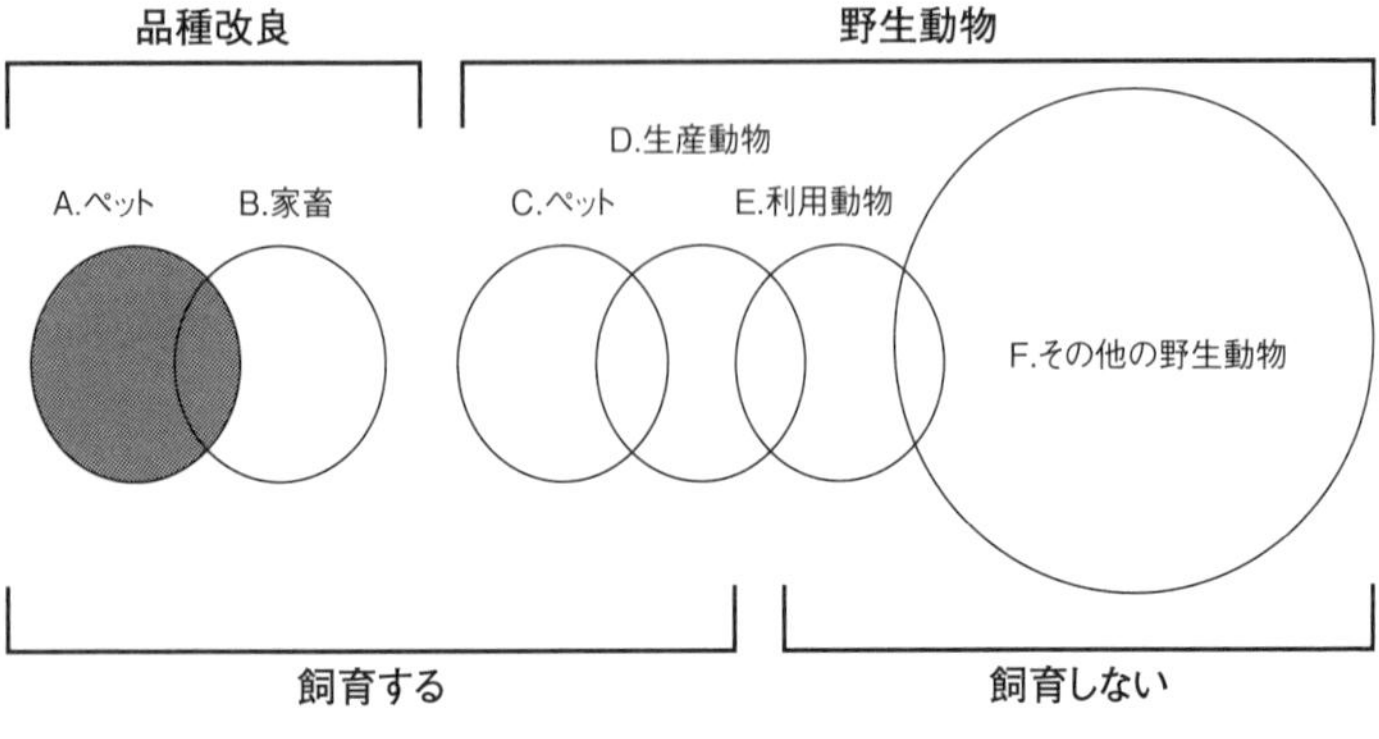

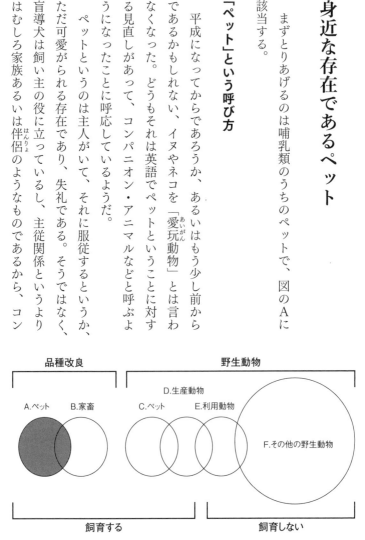

パニオン・アニマルというべきだということであろう。日本でも伴侶動物とか介在動物などという呼び方をする動きがある。確かに「愛玩」という言葉にはややベタベタ感があり、好ましくない響きがある。

ペットをコンパニオン・アニマル、愛玩動物を伴侶動物と呼ぶことは良いことだと思うが、ここでは単に短くてわかりやすいという理由であえて「ペット」としておく。

ペット・ブームの背景

呼称はいざしらず、イヌ、ネコの人気は今やたいへんなもので、ペット産業は大産業になった。ペットに飽食させて太り過ぎになるためダイエット・フードが販売され、人の食料よりも高いものもあるという。あるいはペットの墓地もあり、かなりの値段のようだ。それだけ社会が豊かになったということであろうか。

しかし、少し想像しただけで、ペット人気は経済的豊かさだけでないはずだと思いあたるはずだ。都市生活や家概念の変化によって家族はバラバラになってきた。もう少しありていに言えば、老人が軽視または無視されるようになった。いわゆる「孤独死」は今後急増することは確実である。子どもと別居し、寂しい毎日を送る老人は、ひと昔前には想像できないほど多くなった。その人たちが寂しさをまぎらわすためにイヌやネコを飼い、大切に世話をするようになるのはごく当然のなりゆきであろう。それを業者が見逃すはずはない。もっと可愛がりましょう、こんな可愛がり方もありますと、つぎつぎと産業戦略を展開する。悪いことではないから、ペット産業は着実に成長してきたし、これからもそうであろう。

ペット人気には別の要素もある。職場でも家庭でも人間関係がギスギスする面が多くなった。仕事がきびしく、忙しい。周囲に気を使い、心にもない会話をし、あるいは叱責を受ける。そうしたとき、イヌやネコは自分になついてくれ、嘘をつくこともなければ、傷つけることもない。そういう心理がペット人気につながるということはあるだろう。

農村社会や、町でも人口が少なくてお互いに顔見知りであるような社会では、気心が知れていて互いに許し合うやさしい人間関係での交流があるが、職場でしか接点がなく、業績だけで評価されるような人間関係ではストレスも多い。その結果、人の心理が内向きになり、会話するよりもスマホに向き合うことになる傾向も、ペット人気と共通のものがありそうである。

こうした社会背景からペットの人気が高まっているものと思われる。

人はなぜペットを飼うのか?

ここで、最近のペット人気を離れて、そもそもペットとはどういうものであるかを考えてみたい。人はなぜペットを飼うのであろうか。後述するウシやウマのような家畜(産業動物)は人間の生活に直接役に立つ動物であるから、飼育する理由はあきらかである。しかしペットはそうではない。

これは人というものは広い意味で生活の「潤い」を求めるものであるからであろう。「食べて排泄をし、寝ることだけが生きるということではない」と言えば身も蓋《ふた》もないが、要するに生きていくうえでの潤いや楽しみが欲しいということである。

ペットでも農作物と同じように、自然界からの選抜と品種改良が起きた。ペットの代表であるイヌとネコについて、そのことを考えてみたい。

忠実で人なつっこいイヌ

イヌは現在でも世界中で番犬としての働きが大きく、もともとはそういう働きが求められたものと思われる。イヌはオオカミと近縁であり、その特徴はヒトのハンターとしての側面と驚くべき類似性を持つ。オオカミがシカを襲うとき、リーダーがいて、チームプレーをする。自分よりはるかに大きな獲物を狩るには、数々の技術や勇気が必要で、それなしには成功はおぼつかない。リーダーの指示は狩りの成否をにぎっているから、仲間はそれに従う。個体内に縦関係があり、リーダーは強いだけでなく、経験をつみ、寛容でもあるなど、人間のリーダーと共通性を持つ。

イヌの原種がそういう動物であるからペット化が可能であったといえる。飼われることになった子犬は主人が誰であるかを確実に知り、主人になつこうとする。主人であるヒトはそのことを知り、可愛さを感じる。そのことで両者に絆が生まれる。主人に忠実であることがイヌの人気の大きな要素となっている。

子犬は丸々として、むくむくの毛が生えている。多くの人は可愛いと思う。おそらく、われわれの触覚は絨毯《じゅうたん》のような柔らかい繊維に触れたとき快感を覚えるのであろう。ワラのようなザラザラしたものは好まず、羊毛のようなフワリとしたものを心地よく感じる。丸々とした体、むくむくした毛並み、愛くるしいしぐさなどが子犬を可愛いと感じさせるのであろう。

イヌ

そのことは良くも悪くもイヌのイメージにつながっている。

主人に忠実で主人の敵には果敢に立ち向かうイヌは忠犬とされる。日本の猟犬にはイノシシに立ち向かい、腹を裂かれるなど重傷を負ってもさらに立ち向かうような無謀ともいえる攻撃をする「忠犬」がいるという。

ノーベル医学生理学賞を受賞したコンラート・ローレンツは、そのような特攻隊員のような勇気とは違うイヌの忠実さを描写した。ローレンツが研究上の議論をしていて形勢が悪くなったとき、その内容を理解できるはずのないイヌが相手に吠えかかったというのだ。「オレの主人をいじめるな」ということだろう。昭和30〜40年代の人気テレビドラマ「名犬ラッシー」は難問をつぎつぎと解決し、勇気ある行動をとる名犬だった。

それだけに、忠実さが「イエスマン」と見られることがあり、「あいつは誰々のイヌだ」という表現はかなりきつめの批判となる。かつての学生運動の時代、学生が口にする「官憲のイヌ」という表現には最大限の侮蔑的響きがあった。

植物の中にイヌタデ、イヌツゲなど「イヌ」がつく名前があるが、ありふれてとくにきれいでもないとか、本物ではないという意味であることが多く、あまり良い意味では使われない。

ネコ

気まぐれで孤独なネコ

ネコはイヌとは違う人気がある。子猫は子犬と同様、むくむくの柔らかい毛で、抱くと気持ちが良いが、子犬よりは細く、しなやかな体をしている。人の赤ん坊も、寝てばかりいる時期を過ぎて歩くようになると、少し細くなり、のけぞったりすると柔らかい背中などが可愛く感じられるが、子猫にはその要素が大きい。また音や動きに敏感で、布の下に手を入れて動かしたりすると、何かがいると思って興奮して飛びかかったりする。そういう活発さなども人気の理由であろう。

イヌとネコは対照的で、体つきや身のこなしも、イヌを剛とすれば、ネコは柔で、高いところに登ったりするのはイヌには見られない。そして、どこか超然としたようすで、気が向けば家の外に出てしまう。イヌよりは寒がりで、「ネコはこたつで丸くなる」と歌われるが、イヌが働き者というイメージがあるのに対して、ネコはことなく遊び人風なところ、「チョイ悪」なものを持っているように思われる。大きくつり上がった目なども、朴訥《ぼくとつ》なイヌに対して怖さやお化粧をするあやしい女性と重なるイメージがある。化け猫というのはそのイメージの延長線上にある。

ヨーロッパでは黒いネコを見るのは縁起が悪いというが、確かに黒くしなやかなネコには不気味さがある。驚いたことに、現在でもイタリアなどでは黒猫を捕まえて殺すということがおこなわれているという。

好き嫌いは理屈ではないことの例として黒猫はふさわしいかもしれない。日本では黒いネコは縁起が良いとされた。ネコは夜でも目が見えるから、これから起きることが見通せるということで、福猫とされ、商売繁盛などにつながって、招き猫が作られた。もっとも招き猫は三毛猫が標準であって、黒猫は最近のニューモデルらしい。あの姿勢はネコが顔をきれいにするときにとり、それを置き物にして、幸運を招くものとした。

ネコは古代エジプトではとても大切にされた。もともとは王室の食料を食べるネズミを捕ってくれる良い動物ということから重宝された。頭部はネコ、身体は女性という神がいて、ネコを飼う者に幸運をもたらすと信じられた。次第に価値が高まって、黒猫を殺せば死刑になった時代もあるという。ネコが死ねば家族の墓に埋葬された。

先に述べたネコの性質も、もともとの野生ネコのことを考えれば説明ができそうだ。ネコは基本的に群れを組まず、単独で動物を捕って食べる。イヌがチームで獲物を追跡するのに対して、ネコは単独で獲物が来るのを待ち、飛びかかる。

したがって、しばしば樹上などで待ち伏せるし、夜行性である。そのため、目は大きく、ふだん収納されている爪が飛び出して獲物の体につきささる。

ネコの中ではライオンは草原で昼間に群れで猟をするという意味で、「ネコ科のオオカミ」といってよい。チーターも昼間に追走するハンターだが、イヌ科のように長距離追うことはなく、群れ猟もしない。

そのほかの大型ネコはヒョウにしても、ジャガーにしても待ち伏せ型の「ロンリー・ハンター」である。だから、ネコは目が大きく、木登りが得意であり、イヌより肉食傾向が強く、飼い主との間に主従関係はないなど、ペットになったネコの性質は野生のネコのそれを引き継いだものといえるだろう。

それだけにネコファンはネコを溺愛するところがあり、「ネコなで声」、「ネコ可愛がり」などはそうしたイメージから来る表現であろう。

ペットの品種と処理

イヌの品種の豊富さ

古い時代からペットの代表的存在であったイヌとネコだが、品種改良には違いがあったようだ。

イヌには日本の柴犬のような中型犬がいろいろいるが、シェパード程度の大きいもの、さらにはセントバーナードや秋田犬のように体重が50キロを超えるような大きなものもいる。ボクサーは大型犬としては小ぶりなほうだが、戦うために生み出された品種だ。またグレイハウンドなどは競馬のように走るのを競わせるように改良された。エスキモー犬はソリを引くから、走力だけでなく、重いものを運ぶ力も必要となる。

一方、チワワのような体重が3キロほどしかないようなものもいる。小型犬は番犬にはならないから、もっぱら室内の愛玩犬である。食べ物も排泄物も少ないから飼育が楽ということもあろうし、いつでも膝の上に乗せられるという意味で、可愛がりたい飼い主の望みを満たしてくれるということもあろう。都会でのマンション暮らしには人気が高い。

イヌでこれだけの変異があるのは、その目的が多様であるからで、番犬、牧羊犬、盲導犬、闘犬、競走イヌ、愛玩犬などさまざまである。

それに比べればネコはかつてはネズミを捕るために飼われたともいわれるが、愛玩要素がはるかに大きい。そのため、丸顔のもの、毛の長いもの、短いものなどいるが、大きさのばらつきもさほどない。もしセントバーナードのような大きなネコがいたら恐ろしいことだ。

殺処分という末路

ペットの人気はますます高まっているようだ。昭和の半ばまではイヌ、ネコを金で買うということはほとんどなかった。知り合いのところでイヌやネコが子どもを産んだから引き取るか、子どもがイヌを飼いたいと言うのだけど、どこかにそういう話はないかと人に頼んで探してもらうというようなことがふつうだった。そして、イヌ、ネコのために餌を作るということはなく、人の食事の残り物を与えたものだ。

それを思えば、今ではペットショップで売られるペットは高価であり、ペットフードはどうかすると人のものより高価である。さらには、肥満防止のダイエット・ペットフードもあるというから恐れ入る。古い世代からすると文字通り隔世の感があるが、それだけ社会が豊かになったことであり、悪いことではない。

しかし、次のような事実があることは知っておいたほうがよい。子犬は愛らしいからイヌを飼いたい客はその可愛さを見て購買意欲を刺激される。もちろん、小さいときから飼うことで、主従関係が確立されるということもあるから、大きくなって飼い始めるより、小さいときに飼い始めるわけである。

しかしあまりに早い段階で母犬から離されると、本来育つべき心の発達がうまくいかず、成犬になってからさまざまな問題行動をとるようになることがわかってきた。その時期が生後8週間であるといわれる。そのため欧米では生後56日以前の子犬を販売することは法律で禁じられている。これに対して日本では可愛い盛りの生後45日までの子犬が売られていた。これは問題であるということで改めるべきだという動きがあったが、当然業者から強い反対の意見が出された。そんな攻防があったが、2013年9月から法律が改正され、生後56日未満の子犬の販売が禁止された。

幼くて可愛い子犬を欲しがる買い手がいれば、売り手は子犬をできるだけ早いうちに売りたいと考える。機器類とは違い、「売れ残り」は成長し、「売れどき」を過ぎてしまうからだ。その結果、売れ残った子犬は「殺処分」されるのである。それにもいろいろな形があり、市役所などに「保護」するよう渡して間接的に処分することも多いという。こうして全国で4万4000頭ほど（2011年度）の子犬が処分されている。

そこにあるのは「子犬は商品にすぎない」という感覚である。イヌを飼いたいという気持ちは命に対する愛おしさから来るものであることを考えると、そのことが子犬の販売という流通のメカニズムを通して実現され、それが現実問題として売らんがために生み出された子犬の命を処分することになっているという皮肉な事態になっている。

やさしい飼い主に買われ、愛情をもって育てられることを望むが、現実にはその幸せな子犬の陰に、こういう現実があるということを知っておくべきだと思う。

以上は『動物のいのちを考える』（高槻編著2015b）のうち、太田匡彦《おおたまさひこ》氏による「ペットの売買について—伴侶動物」の部分から要点をとりあげた。殺処分される子犬の数はその後、減少し、2016年度にはなんとか2万頭を下回った。

可愛さを絵に描いたようなウサギ

ウサギといっても2種類ある

イヌ、ネコ以外の哺乳類のペットにはウサギやモルモットなどがいる。

ウサギというと1種類だと思いがちだが、実は2タイプいて、ペットになるのはアナウサギ、英語でラビットというほうだ。もうひとつはノウサギで、英語ではヘアと呼ばれる。

どちらも「ウサギ」であり、耳が長く、後肢が長いのだが、アナウサギのほうは地面に穴を掘って巣を作り、集団生活をする。赤ん坊は赤裸で生まれ、目も見えない。これに対してノウサギは、巣は作らず、単独生活をし、新生児は目があいており、すぐに歩ける。

日本には野生のアナウサギはおらず、飼いウサギは外国から来た品種改良されたウサギである。因幡《いなば》のシロウサギの話があるが、あれはアナウサギだと思われる。

というのは白い体、赤い目のウサギはアナウサギだからである。ただし、雪国にいる野生のノウサギは冬に白くなる。それでも目は赤くはない。

さて、ウサギは可愛い動物の代表だろう。丸っ

ウサギ（アナウサギ）

こい体、大きな目、長い耳、丸い短い尾など、ぬいぐるみ的な要素をたくさん持っている。外見的可愛さという点で、ウサギはイヌやネコより上かもしれない。童話のピーターラビットは擬人化され、無邪気な動物として描かれている。現代の日本人にとってラビットは可愛さに溢れた動物であろう。

ただし、外見の可愛さとはうらはらに、ウサギはイヌやネコに比べると何を考えているかわからず、意思疎通ができないと感じられる。草食獣と肉食獣を比べると、草食獣はそういう傾向がある。しつけなどもできそうもない。そのために、「そこが可愛い」という人もいないわけではないが、全体としてはペットとしてイヌ・ネコほどには人気がないようだ。

少なくなったノウサギ

ペットのウサギはアナウサギだが、日本には野生のノウサギがいる。かつて里山にはノウサギが豊富にいたので、ウサギ猟は気軽な猟として普及していた。東北地方の雪国では「ワラダ」と呼ばれるワラで作った円盤状のものを使う猟が広くおこなわれた。

ウサギは猛禽類に狙われるから、宙を飛ぶものに強く反応する。その性質を利用して、ワラダを投げるとウサギは雪の中にある穴に逃げ込む。その場所がわかれば、穴の中のウサギの後肢を手づかみにできるという（天野1987）。いわゆる「鷹狩り」もおこなわれ、こちらのほうが狩猟効率は良かったようだが、タカの確保や飼育は容易なことではなかった。銃が普及してからは銃猟が主流となった。いずれにしても、ウサギは手頃な大きさであり、肉もおいしく、毛皮も有用であったからよく獲られた。戦後しばらくの時代には年間80万頭も捕獲されていたが、1970年代から大きく減少し、1990年代には10万頭を下回るようになった。

ノウサギはこの半世紀ほどで最も少なくなった野生動物のひとつである。その理由は狩猟されすぎたからではない。ノウサギは草原的な環境を好む。そのため、ススキ群落である茅場《かやば》が多かった時代には里山に豊富にいた。文部省唱歌の「故郷」は「ウサギ追いしかの山」と始まるが、この歌が愛唱された背景にはそのような里山の景観が多くの日本人に共有されていたからである（高槻2014）。

しかし高度経済成長期がピークを迎えた頃、日本の農山村では過疎化が進んだ。農作業も大きく変化し、家畜がいなくなった。また茅葺《かやぶき》屋根の家もなくなっていった。宅地化や人工林の植林が進んだ結果、茅場が消えていった。そのためノウサギは真綿締めされるようにいなくなったのである。

ネズミなのに愛されるモルモット・ハムスター

ネズミの仲間であるモルモット

南米ではモルモットが飼育され、品種改良もされているようだ。体長は30センチほど、体重も1・5キロほどあり、ウサギをひと回り小さくしたくらいである。ただ飼育の目的はペットという面もないわけではないが、おもには食用であるらしい。

モルモットといえばネズミの仲間である。後述するように、私たちはネズミには苦手意識がある。要するに「嫌な動物」である。だから、モルモットとはいえ、食用にするというのはかなり抵抗がある。もちろんこれは偏見であり、南米ではどうやらウサギ並み、あるいはそれ以上に品種改良されて、よく馴れ、体色も白や黒や斑《ぶち》などいろいろあるらしい。

飼育が容易であるために実験動物として利用され、モルモットという言葉が「実験されるもの」という意味を持つようになっている。ちなみに英語でモルモットのことを「ギニアのブタ(Guinea pig)」という。思えば、これほどふさわしくない動物の名前も珍しいだろう。まずギニアというのはアフリカにある国であり、モルモットがいる国の名ではない。そして、もちろ

ハムスター

んモルモットはブタではない。

では、なぜギニアのブタというかというと、当時のイギリス人にとって南の国といえばアフリカであり、その南のどこかの国から来た動物であればギニアであろうがケニアであろうがよかったということがある。日本で「南蛮」というようなものだ。ブタと呼ぶのは太った体型がブタみたいだということらしい。

食べるしぐさが可愛いハムスター

ハムスターもネズミの1種である。乾燥地にすむキヌゲネズミというネズミの一群で、私はモンゴルの草原で野生種を見たことがある。地下にトンネルを掘って暮らすので、四肢が短くそれが可愛らしさとなっている。地上に出て穀類などを頬袋につめこんで巣に戻り、吐き出して利用する。

ペットとして普及しているゴールデンハムスターは体重が150グラムほどある。尾は短く、頬袋がよく発達していて、驚くほど多くのものを溜め込むことができる。

ハムスターもかなりの程度品種改良されているようだ。小さくて人なつこさもあるから、狭い室内などでも飼いやすいという利点がある。丸い体型、小さくてすばやい動作、短い脚で体を支えて直立し、両手で食物を持って食べるしぐさなどはとても可愛い。

なぜネズミは嫌われてしまうのか？

かつては家でも見かけた身近な存在

ハムスターはネズミの1種だが、ペットになって可愛がられるネズミはネズミ全体からすれば例外的である。

今の日本では一般の家庭にネズミがいることはあまりないが、半世紀ほど前まではごくふつうにいた。私は鳥取県の西部で育ったが、弓ヶ浜半島は砂地で畑が多く、ネズミがよくいるということだった。友達の家は農家だったが、そこに遊びに行ったとき、天井でパタパタという音がしたかと思うと、今度はザーッ、ザーッという音がした。友達のお父さんが笑いながら

「また、運動会が始まった。あのザーッというのは、ヘビだ」と言い、続けて「ヘビはうちの守り神だけんなあ」と言った。実際にいたのはネズミである。

私自身は子どもの頃、人口10万人くらいの町に暮らしていたが、どこの家でもそうだったように、台所にネズミ捕りが置いてあった。バケツに水を張って、捕らえたネスミをネズミ捕りごと入れると、ネズミが苦しんで動き回るのだが、体の毛に空気が入ってそれが銀色に見えた。そうして溺死させるのだが、子どもにはいかにもむごいことに思えた。

だが、大人は「ネズミはバイキンを持っとって病気を広げるけん、殺さんといけん」と言っていた。学校でも伝染病の広がる恐ろしさを教えられた。だからネズミに対するイメージはとても良く

ネズミ

ない。

後に野生のネズミを捕獲する機会があったが、アカネズミの美しさに感嘆したし、カヤネズミの可愛さにも驚いた。人家にすんで迷惑をかけるのは、ほんの一部のドブネズミとクマネズミであることを知った。だが、一般の人にとってネズミといえばこれらがイメージされる。

伝染病をもたらす媒介者

ネズミのイメージが悪いのには根拠がある。ネズミによって感染症が伝播されて人間社会に大きな災害をもたらしてきたからである。

ペストは、感染したネズミの血をノミが吸い、そのあとで人を刺すことで伝染する。このことは古くからわかっており、人々はネズミに対して憎悪感や恐怖感を持った。そのペストは、中世ヨーロッパでは猛威をふるった。感染者は黒くなって死んだので、黒死病と呼ばれ恐れられた。

14世紀には世界の人口が4億5000万人であったが、ペストにより1億人が死亡したという。ヨーロッパでは人口の3分の1あるいは半分もが死亡したとされ、とくにひどかった北イタリアではゴーストタウンになった都市もたくさんあった。そのため、その恐怖の記憶は後々までも伝えられた。

日本の建物にはドブネズミとクマネズミがよくいる。木造で隙間だらけ、台所が湿っぽい家が多かった半世紀ほど以前にはドブネズミが多かったが、鉄筋コンクリートの家やビルが増えるとクマネズミのほうが優勢になったという。

ドブネズミはもともと湿った場所にいるのに対して、クマネズミは木登りが得意で、足の裏の肉球がよく発達していて急斜面でも登れることが有利になっているものと思われる。ビル街で残飯を食べるだけでなく、電線をかじってトラブルを起こしたりして迷惑がられている。日本ではヨーロッパのペストのような悲劇は起きなかったが、それはペスト菌の発見者である北里柴三郎が、病気の原因解明だけでなく、予防体制の確立を含む広い意味ですぐれた医療を実践したおかげである。

日本人とネズミの歴史を考えれば、近代日本では病原菌を媒介する恐ろしい動物と教えられてきたが、よりさかのぼると、農作物を荒らす憎い動物であった時代のほうがはるかに長い。ほとんどの日本人が農民だったのであり、米を作ることが本務であった。それだけに苦労して育てた米が収穫できたときの喜びは何にも増して大きく、それゆえにその米がネズミに食べられてしまったときの憎しみは強かった。

だからこそ、ネズミを食べるキツネはありがたがられ、キツネを祀る神社は「稲荷」つまり稲を運んでくる神とされた。そのような民族の記憶が、近代になってネズミが伝染病媒介者であると伝えられたとき、新たな嫌悪としてすんなりと受け入れられたのかもしれない。

なお、意外なことをつけ加えておきたい。それは江戸時代にネズミがペットとして買われていたということだ。それもかなりのブームとなり、白黒の「パンダ模様」のようなネズミも作られたらしい（中村2008）。

「古事記」にはネズミが大国主命《おおくにぬしのみこと》を火事から救ったという話があるらしく、良い動物と見られる面があったようだ。そもそもネズミは「根・住み」で、根とは地下の世界であるという。正月にネズミに餅を供える習慣も各地にあるという。中村禎里《なかむらていり》氏は、こうした背景があって江戸時代のネズミ飼育ブームにつながったのであろうと考察している。

カヤネズミの巣を神棚に供える？

ネズミのことで、最後にひとつつけ加えておきたい。それは、カヤネズミという最小のネズミのことである。その小ささは体重は500円玉ほど（8グラムほど）、体長も大人の親指ほど（6センチ）しかない。とても可愛く、きれいなネズミである。

そしてほかのネズミと違い、イネ科の茎に野球のボールほどの丸い巣を作る。カヤネズミのカヤとは「茅」であり、ススキのことである。ススキ原は茅原とか茅場と呼ばれ、日本の農村には必ずあった。

興味深いことに、米を食べるネズミを憎むはずの日本人なのに、田んぼにカヤネズミの巣があると縁起が良いとして神棚に供える地方があるということである（畠２０１４）。カヤネズミは稲にも巣を作るから、農民が稲刈りをするときなどにこの巣を見つけたら、不思議な感じを持ったはずだ。

実際、カヤネズミの巣は葉っぱを巧みに編み込んであり、また細く裂いて編んであるので、自然にできたものでないことはわかる。この世には不思議なことがいろいろあり、不思議な力を持つものもいろいろいると思っていた農民が、この巣を見て、「何か不思議なものが作った」と感じるのは十分ありえたことだ。ネズミであるとは知らなかったかもしれないが、巣の中にいるカヤネズミの子どもで遊んだと語る老人もいるという。

カヤネズミと農民の関係についてはこれ以上なんとも言えないが、私は子どもの頃に夏休み、冬休みに農家で過ごしたので、多少、農家の空気がわかる。その経験からすると、農民であった祖母や叔父、叔母はもちろん有害な鳥や昆虫を困り者だとは思っていたが、土から草が生えること、木が土に根を張って生きていること、農地にも、ましてや林にはさまざまな生き物がいて、それぞれに事情があって生きていることを感じ、だから米作りもできるのだと思っていたように思う。

寛容というのとは少し違うが、害鳥や害虫を徹底的に殲滅《せんめつ》するという感覚は持っていなかったように思う。それよりは、おてんとう様のご機嫌を損ねないように、自分たちはそういう大きなものに生かされている先祖代々の土地に暮らしているという感覚で生きていたように思う。

カヤネズミの巣を神棚に供えるという風習は、そのようなものなのかもしれない。少なくとも町の大人が家で捕まったネズミに対してとった容赦ない態度とは違うものだった。

ペットとして飼われる鳥と魚

哺乳類以外のペットについて簡単に触れておく。

鳥類ではカナリアやジュウシマツ、インコ、オウム、キュウカンチョウなどがよく飼われる。当然ながらイヌ、ネコのような意思疎通はできないから、その意味での楽しみは少ない。

鳥の飼育はイヌ、ネコとは違い、鳥籠に入れるから、鳥に自由度はない。まさに「籠の鳥」である。カナリアは歌声を聞いて楽しむし、ジュウシマツは手前に穴のあるつぼ形の巣で飼い、何羽もいるようすを見て楽しむ。ジュウシマツやインコは手乗りとしても楽しめる。オウムやキュウカンチョウは人の言葉をまねるのを楽しむ。テレビのなかった時代、娯楽が限られていたので、小鳥を飼うことが今より多かったように思われる。

金魚は伝統的なペットであり、品種も多い。池で飼うこともあるが、今は室内の水槽で飼うことが多い。熱帯魚の普及で水温や水質の管理が容易になったので、金魚も手入れのしやすい水槽で飼われるようになったが、かつてはよく金魚鉢で飼われた。しばらくするとガラス面に緑色の藻が生えて見にくくなるものだった。

コイは池で飼われる。地方によっては農家で非常食の確保のために飼育された。これはもちろん真ゴイである。緋ゴイにはマニアがおり、目玉が飛び出るような高価なものもいる。

コラム

「南極物語」は美談か？

有名な「南極物語」のあらまし

「南極物語」という映画はかなりの成功を収めたようだ。ストーリーは南極の昭和基地に事情があってソリを引くイヌを放置しなければならないことになったが、1年後再訪したら、そのうちの2頭が生き延びていて、隊員が感動の再会を果たしたというものである。イヌのたくましさ、捨てられたにもかかわらず隊員を覚えていて、恨むどころかしっぽを振って喜んだことへの感動を描いたということだ。このエピソードには日本人とイヌとの関係を考えるいくつかのヒントが含まれているように思う。

まず昭和基地という名前である。1956年（昭和31年）だから、日本が敗戦から復興を始め、まだまだ国力はないものの、先進国が基地を作って研究をする南極に日本も参加できたということで国中が沸き立った。オレンジ色の宗谷という船の絵が雑誌などに繰り返し登場したので小学2年生くらいだった私にも記憶がある。今思えば、戦争を体験し、敗戦の屈辱を味わった大人たちは、世界を敵に回してしまい、「悪い国」と名指しされていた時代から、世界に認められ、「良い国」とみなしてもらえる時代が来たという思いがあったのであろう。

これは1964年の東京オリンピックへの地ならしとしての意味があったように思う。越冬隊員は水盃を交わし、決死の覚悟で臨んだというが、そのあたり、精神としては戦争の余韻が香る。若い隊員が30歳であるとすると1926年生まれ、真珠湾攻撃のとき15歳ということになる。「愛国少年」であった可能性が大きく、それだけに敗戦の受け止め方も大人とは違っていたであろう。戦後の新しい教育の中で研究者になった人たちである。世界共通の科学の世界で日本に、世界に貢献できる喜びを感じていたはずだ。

さて、南極調査隊は1956年（昭和31年）の11月に東京を発ち、1年の調査を終えた翌1957年の12月に、第二次越冬隊員を乗せた宗谷が南極に近づいたが、悪天候のため昭和基地に近づくことができなかった。宗谷は氷の海に閉じ込められていたが、年を越して1958年の2月に外洋に脱出した。ここで美談が生まれる。

アメリカ海軍の砕氷艦バートン・アイランド号と会い、その支援を受けて氷の海に再突入し、隊員3名が先遣隊として昭和基地に到着した。ところが、その後、天候が悪化した。3名の隊員は、越冬は可能であると主張した。しかしバートン・アイランド号は3人を収容して外洋に出ることは至上命令であるとした。そして永田隊長は、一度外洋に出て天候が安定してから再上陸することを想定し、イヌは必要であるから鎖につないで残し、乗船せよとの命令を出した。隊員は一部のイヌは連れ帰ったが、15頭は2カ月分の餌を置いて昭和基地に残すという苦渋の決断をせざるをえなかった。ところが天候がさらに悪化してバートン・アイランド号も昭和基地に行くことができなくなった。2月の下旬になると本部から第二次越冬は断念するという判断が下された。その結果15頭のイヌは安楽死もできず、生存は絶望ということになった。不可避的であったとはいえ、このことは非難を浴びることになった。

翌1959年の1月になると第三次越冬隊が遠征し、ヘリコプターが昭和基地の上空を飛行したところ、なんと死んだはずのイヌのうち、2頭のイヌが生きていることが確認されたのである。そこで一次隊でイヌ係であった北村泰一隊員がイヌを見てジロではないかと名前を呼んだら反応したので、それがジロであることを確信した。タロもそうであった。2頭は1年間をどうして生き延びてきたのだろうか。北村隊員はアザラシの糞（不完全消化の魚類が含まれている）やペンギンを食べていたのではないかと推察した。

感動する前に考えるべきこと

この出来事はまちがいなく感動的なことであり、さまざまな場で話題にされ、書籍も出版され、映画化もされたわけである。

しかし、私はこのことをただの感動的美談に終わらせず、そのことから日本人のイヌに対する姿勢を考えるべきだと思う。

結果として奇跡的に2頭が生き延びたのだが、15頭のうち13頭は死んだのである。正確には死体が確認されたのは7頭で、6頭は行方不明であるが、死んだ可能性が大きい（のちに1頭は生存していたことがわかった）。もしこの2頭も死んでいたら、その評価はどうなったであろうか。鎖につながれて空腹に苦しみ餓死したのだから、残酷な扱いをしたという非難は避けられない。

私は可愛いイヌを殺すのは忍びないから殺さなかったのだと思っていたので、そうであればあまりにもウェットで、それは自分の情緒を重んじて動物の立場に立たない態度だと思っていた。ところが当事者である北村隊員の記述を読むと、越冬隊のために使うイヌだから鎖につなぐようにとの隊長からの指示に対して、もし越冬隊が来られなくなったらイヌがかわいそうであるから、鎖にはつながないようにと説得したことが記されている（北村2007）。それだけに、悪天候のために予測もしない形でイヌを放置せざるをえなくなった北村隊員の苦悩が胸を打つ。

だが、一般にはそうは理解されていない。やさしい日本人は自分で可愛いイヌは殺せない、そのやさしさが2頭の生存につながり、感動の再会を果たしたということになっている。それは「やさしさ」の履き違えであり、偶然で生き延びたところだけをとりあげて感動しているにすぎない。

第4章

家畜としての動物

家畜はどのようにして生まれたのか？

ここではウシ、ウマなど、いわゆる家畜をとりあげる。類型図ではBに該当する。

「衣食住」にかかわる家畜という存在

家畜は人間の生活の中で、衣食住に利用する動物のことである。

「衣」というと「動物を衣類に使うとはどういうこと？」と思われるだろうが、羊毛は重要な繊維であり、ウールはトップクラスの布である。ヒツジだけでなく、ヤギやアルパカ、ラクダなどの毛も有力な繊維の原料である。またウシの毛皮も重要な資材であり、皮革製品は従来通り使われている。

「食」については7章で改めてとりあげるが、肉を食べる

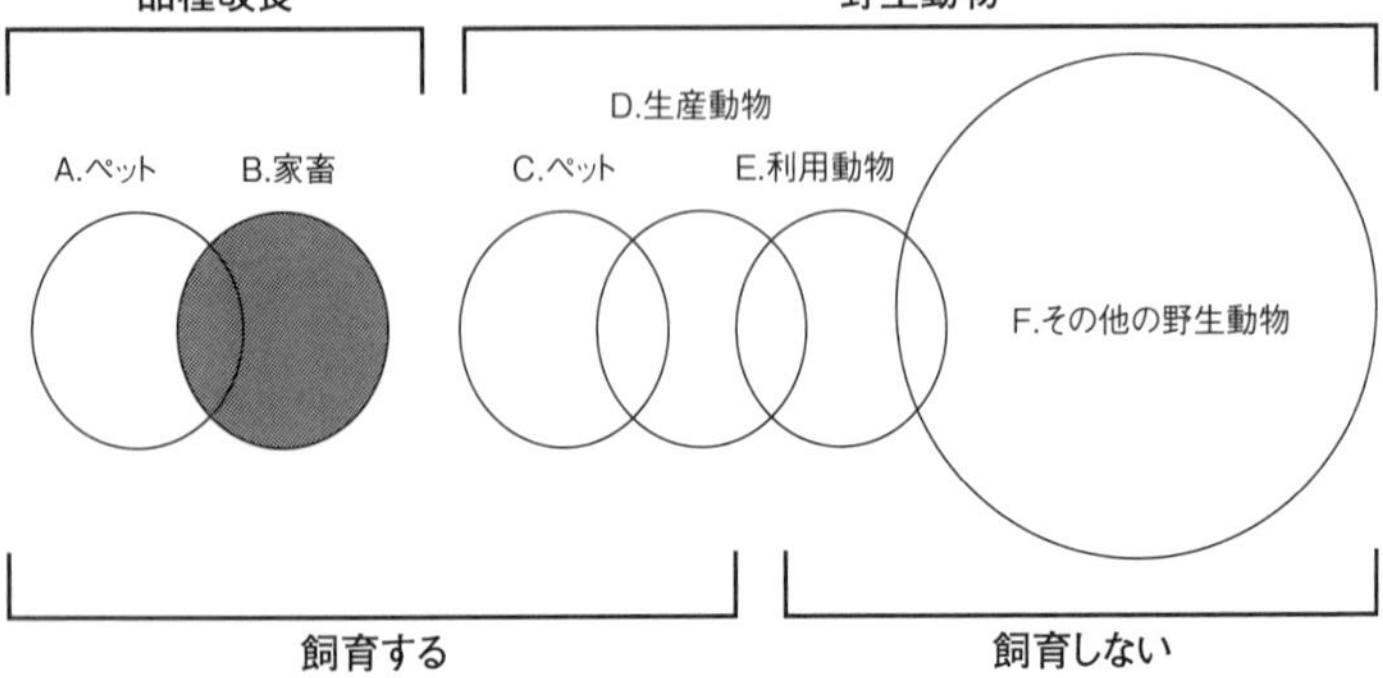

だけでなく、ミルクを飲むことも栄養摂取という点での広義の「食べる」といえる。「住」はあまり思いつかないが、特殊なものとして氷河期に寒い地方にいた人々はマンモスのキバを家の柱に使ったし、イヌイットにはクジラの肋骨などを同じ目的で利用した。また、モンゴル人の住居であるゲルはフェルト地だが、これは羊毛である。インテリアとしての絨毯なども広い意味での「住」といえるだろう。

衣食住のほかにも重要な利用の仕方がある。それは使役である。牛馬は使役動物としてもきわめて重要であったが、現在は自動車を含む機械に取って代わられた。

モンゴルのような乾燥地では燃料とする植物が乏しいから、家畜の糞を燃料として利用する。これも利用のひとつである。

南アジアではトイレが二階にあり、ブタ小屋はその下にあって、人間の排泄物をブタが食べるというが、これなどは廃棄物処理という利用の形である。そのブタの肉を人が食べると考えると、なんとも不思議な気がする。

余談ながら、「家」という字は屋根の下にブタがいるという象形文字であり、中国において人とブタがいかに長く密着した関係を持ってきたかを想像させる。

家畜化という大事業

飼育するという意味でペットと家畜は共通し、牧羊犬とか小型のヤギなど家畜なのかペットなのか区別が曖昧なものもある。考えてみれば、初めから家畜とペットの違いがあったわけでなく、自然界の野生動物から飼育可能なものを選んだのが飼育動物なわけである。

大型獣の狩猟や飛ぶことのできる鳥を捕るのは困難であり、ハンターは「もし手近に飼って必要なときに殺して食べられたら、どれだけ楽だろう」と思ったことだろう。そのためにいろいろな動物を捕まえては飼育を試み、もともとの性質である程度馴化《じゅんか》できるものが家畜として選ばれたはずだ。その場合、警戒心の強い成獣ではなく、幼獣から飼い始めるほうが馴らしやすいから、幼獣を捕まえることが試みられたであろう。それでも、おとなになると暴れて家畜化が不可能なもののほうがはるかに多かったと思われる。そうした動物の飼育が無数に試みられ、多くの失敗の中から飼育可能な動物が選ばれていった。

ジャレド・ダイアモンド博士（２０１７ｂ）によれば、家畜化の歴史は次のようであったという。西ユーラシアでは紀元前４０００年頃までにヒツジ、ヤギ、ブタ、ウシ、ウマという5つの最も重要な動物が家畜化されていた。その利用目的は食べ物、動力、衣類材料であり、これに加えてウマは軍事的価値が大きかった。

これらにはいくつかの共通点がある。ひとつは群れる性質がある、つまり社会的な動物だという点である。こういう動物はリーダーに従う性質があり、人の飼育に対して抵抗が小さい。もうひとつは比較的おだやかで、飼育が容易であり、ストレスに耐性があるということである。それによって初めて飼育下で繁殖が可能であった。サルやゾウ、ビクーニャなども飼育されるし、チーターなども飼育の記録があるが、繁殖は難しい（ダイアモンド2017b）。

栽培植物にしても飼育動物にしても、自然界から人間に利用できそうなものが栽培されたり飼育されたりした。おいしいイモとか、実をつける草を見つけて持ち帰って植えるというのはごく自然なことだろう。野外で探すよりよほど楽だから、たくさん栽培しようということになったことだろう。栽培してみるとより大きいイモ、よりおいしい実をつける個体とそうでない個体に気づくはずだ。

そうすると、良いものを残し、良くないものは排除することになるだろう。それが「選抜」、あるいは「淘汰」と呼ばれることで、ダーウィンも進化論の説明の中で家畜や家禽の選抜から説明を始め、それが自然界でも起きているのだと論を展開した。このことが繰り返されると、野生のものと次第に違いが大

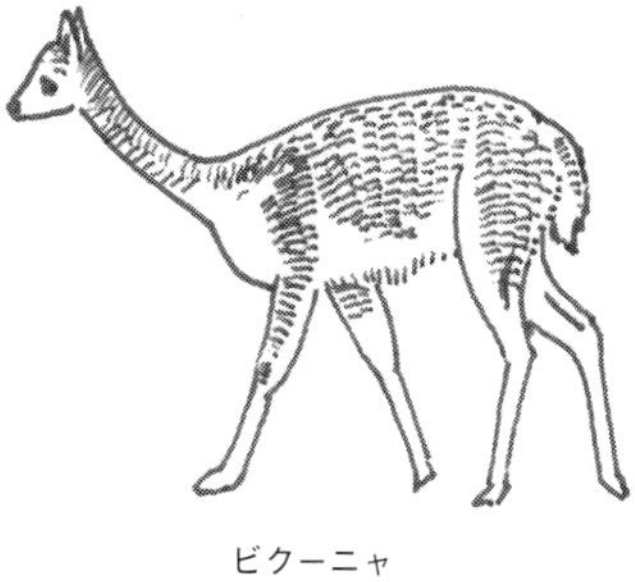

ビクーニャ

きくなっていった。

　こういう個体変異とは別に、栽培、飼育をしていると、「変わり者」が出現することがある。これが突然変異である。動物の体色や植物の花の色では、通常の色でないものも生まれる。真っ白な「アルビノ」などはその一例で、自然界では有利でないので、その遺伝子は消滅することが多いが、栽培、飼育の条件下ではあえて残されることがある。

　そういう選抜の経験が植物でも動物でもおこなわれたであろう。遺伝学や育種学の知識はなくても、経験から集団の中の個体変異に気づき、良いものを選抜すると、より良いものに変わっていくということを体験的に発見したのである。品種の選抜は時間のかかることで、寿命の長い動植物では繁殖の機会も時間を要するから、一層時間がかかることになる。そのため、これにかかわる人間側でも数世代繰り返される大事業であった。

のんびりと牧歌的なウシ

ウシはおとなしい動物？

　牛肉は肉の中でも高価で、とくにブランド物の和牛肉は目が飛び出るほど高い。また牛乳や

ウシ

バター、チーズなどの乳製品もウシから作られ、食品の中でウシの貢献は大きい。それだけではなく、牛革はカバンなどの材料として重要な位置を占めている。

ここで改めてウシとはどういう動物であるかを考えてみたい。ウシは体重が５００キロほどあり、大型のホルスタインでは１・１トンにも達する。この体が大きいということがウシの特徴のひとつである。その大きいということで維持されている。体の大きな動物を意のままに管理するのはたいへんなことである。

家畜のウシはおとなしいが、もし暴れたら大事になる。草食獣だから噛みつくことはないが、１トンもある動物が本気で突進してきたら、重傷を負うことになる。ましてウシには角がある。背後に壁があって、ウシが頭からかかってきたら死を覚悟する事態となる。

家畜のウシはおとなしいと書いたが、実はそうでもない。スペインの闘牛に使うウシはきわめて攻撃的だし、町中をウシが走って人が逃げ惑うお祭りがあるが、あれも相当危険そうだ。ましてや、野生のウシには危険なものがいる。ウシそのものではないが、アフリカスイギュウは凶暴であり、怒ったスイギュウにはライオンもすごすごと立ち去るほどだ。

日本でもいたるところにいた

家畜のウシに戻るが、おとなしい性質は品種改良によってそのような遺伝子を選抜した結果である。私は岩手県の農家で獣医さんがウシの妊娠の確認をするために直腸に腕を挿入するのを見て驚いたが、そのウシは何ごともないかのように草を食べていた。「ここまで品種改良されたのか」と実感した。

現在の日本では日常的にウシを見ることはない。ときどきテレビで牧場にいるウシや、酪農場にいるホルスタインという乳牛、あるいはブランド和牛が飼育されているようすを見る程度である。だが、戦後しばらくは日本の農家ではよくウシが飼われていた。昭和30年代、母の実家の農家に行くと2、3頭のウシが牛舎に飼われており、ときどき子牛がいた。夕方になると牛舎から出されて水を飲むために池に連れて行かれた。いとこに引かれてノッシノッシと歩くようすはとても印象的で、あんな大きな動物をあやつるいとこを「すごいな」と思った。農家でウシを飼っていたのは、肥料確保と使役のためであった。それに子牛は現金収入源として重要であった。

ウシは大量の草を食べて大量の糞をする。その糞は濃厚な栄養分を含んでいる。これを植物の葉や茎などと混ぜると、発酵して植物が利用しやすい形の理想的な肥料となる。これを「堆《たい》肥《ひ》」という。堆肥は田植えの前の田んぼにすき込む。これで稲が育つのだから、日本の農家にとっては生活の根幹にかかわることであった。トラクターなどがない時代、田畑を耕起《こうき》するのは重労働であるからウシに鋤《すき》を引かせた。

生き物を飼うというのは手間がかかることである。まず餌の確保がたいへんである。日本では放牧は一般的ではなく舎飼いであったから、餌になる草は人が刈り取って来なければならない。朝早くから草を刈りに行き、重い草を背負って戻り、ウシに与える。生き物相手のことだから休みの日はない。そのようにウシは大切に育てたし、ウシが病気にならないようにと、神社にお祈りをするなどの風習があった。

のんびりと牧歌的なイメージ

家畜のウシの原種はオーロックスであると考えられている。基本的には森林にすむ草食獣である。数頭の群れで暮らし、一夫多妻制である。オスはメスよりもひと回り大きい。

ウシには角があることが印象的であるが、ウシ科の動物には角を持つものが多い。ウシの角は頭骨の一部が円錐状に突起し、その外側にケラチン質の、ヒトでいえば爪のような素材の鞘に包まれている。これは成長にともなって伸長するが、その伸び方は、ちょうどソフトクリームのコーンを重ねたような構造になっており、内側から新しいものが追加されて押し上げるように成長してゆく。こういう角をホーン（horn）というが、ソフトクリームのコーンの語源はホーンである。金管楽器のホルンも同様で、ウシの角を加工したものが、次第に改良されて金属になったものである。ヨーロッパの切手などにくるりと巻いたラッパの絵があるが、「ポストホルン（郵便ラッパ）」といって、郵便の到着、出発を昔は角笛で知らせたことに由来する。

ウシに対する人々のイメージは大きくてのんびりした、文字通り牧歌的なものである。力は強いが従順で、悪意などまるでないという感じだ。飼い主も家族のように愛情を感じる。ただし、ときに頑固で意固地なウシもいる。私の故郷の山陰ではそういうウシを「コッテイ」と呼んでいた。いつもは従順に餌を食べ、畑仕事を手伝ってくれるのに、何が気に入らないのか、ヘソを曲げるとどうにも動かない。大きくて力が強いだけに、イヌやヤギなら力ずくでねじ伏せることができても、ウシではそうはいかない。

颯爽と駆けるウマ

ウマの速さの秘密

　ウマもウシに劣らず重要な家畜であり、とくに東北地方ではその重要性が大きかった。ウマはウシと同様、使役にも使われたが、ウシのノッシノッシという歩きとは違い、駿馬《しゅんめ》というくらいで、走ることに長けている。

　ウシ、ウマ、シカなどの仲間は、進化の過程で筋肉の力を分散させないように指の数を少なくし、ウシ、ヒツジ、シカなどは2本になったが、ウマは究極の1本となった。ウマの後肢の後方に飛び出した部分は膝ではなくかかとである。舞台芝居などでウマのぬいぐるみの胴体の前後に人が入って歩くと、前肢はそうでもないが、後肢がおかしく見えるのはそのせいである。ウマのお尻、つまり後肢の大腿筋がついている部分の筋肉の豊かさを見れば、いかに強い力が出るかがわかるが、この力が無駄なく1本指に集中されるのである。

　ともかくウマは一言でいえば「走る動物」であり、ウサイン・ボルトの倍速で、100メートルではなく、数キロを走り続けることができる。

走る動物であるウマの価値は農業の使役ではウシとさほど違いはないが、人類史を振り返れば、なんといっても軍事的な面に発揮された。これはウシにはまったくできなかったことである。

現にチンギス＝ハン率いるモンゴルは人類史上最大の版図を誇ったが、それはウマなしにはありえなかった。スペイン人がわずか168人でインカ帝国の数千人の軍を打ち破ったのは、棍棒しか持っていなかったインカ軍に対して銃を含む、鉄の武器を持っていたことと、なによりもウマを持っていたことによると考えられている（ダイアモンド2012a）。そのような古い時代でない20世紀の戦争でも自動車や戦車、飛行機が登場するまでは軍馬の力量が軍事力を決めた。

そのため、ウシは農業を象徴する動物であるのに対し、ウマは軍事力、ひいては政治力を象徴す

ウマ

る動物となった。明治天皇が白馬にまたがったのは、近代化すなわち、富国強兵を国是とした明治日本の象徴的な「まつりごと」であった。

天馬を想像させる颯爽《さっそう》としたイメージ

したがってウシのイメージは牧歌的、のんびりと無害というものであるのに対して、ウマは凛々しく、颯爽としたものである。翼を持った天馬のイメージは、信じられないような速さで走るウマのイメージの延長線上にあり、ウマの国、モンゴルのモンゴル航空のシンボルマークは天馬をイメージしたものであろう。

私自身の体験でも、モンゴル草原でウマを見ると見とれてしまうほど美しいし、その群れが走り出すと、その姿勢がどの瞬間をとってもすばらしく美しい。あるとき、少年を乗せた競馬を目の当たりにしたが、大草原を疾走するウマの姿や、無心にウマをあやつる少年の表情、このことが何百年も続けられてきたことなどを思って、深い感動を覚えた。

そうした直接的な印象に、軍馬という政治的な意味が加わると、人々は高貴で近寄りがたい動物というイメージが重なったであろう。ウシに比べれば神経質で、気難しいところがある。背に乗った人の力量を見分けて、ダメな人には言うことを聞かないなどよく耳にするところだ。

もっとも民間レベルではウマには親しみもあり、「どこのウマの骨ともわからぬ奴」などと失礼な言い方もあるし、「馬並み」と、口外をはばかられる表現もある。私が子どもの頃は、町ではほとんどなかったが、田舎では牛馬の糞を見ることは日常的なことであったから、運動会の前になると「ウシの糞を踏むと走るのが遅くなるが、ウマの糞を踏むと速く走れる」などと言ったものだ。

鼻が印象的なブタ

イノシシを改良

ウシもウマも蹄を持つが、ブタもしかり。ブタはイノシシを改良した家畜である。イノシシが牛馬と違うことのひとつは、雑食性であるという点である。

イノシシの食べ物は植物を基本とし、中でもドングリは大好物だ。しかし肉でも昆虫でもミミズでも食べる。牛馬と違うもうひとつの点は強力で敏感な鼻を持っていることで、これにより、地中の食べ物を探して利用することができる。この能力を利用してトリュフという地中に生えるキノコを見つけるにはブタを使った。

「ニッチ」という言葉がある。これは産業界では、これまでにない職種のことをいうが、もともとは生態学の言葉である。生態学は自然界における生物の役割をあきらかにしてきた。生産者としての植物、それを利用する動物、動植物の死体分解というように、それぞれの生物に役割があり、これをニッチという。

地球上にはいたるところに草食獣がいて植物の葉を利用しているが、イノシシは彼らとは違うニッチを開拓したといえる。草食獣にとって地面の下は利用できず、価値がない。そこに「目をつけた」のがイノシシである。地面を一皮《ひとかわ》はがせば、実は豊富な食べ物がある。それを見つけて利用できるイノシシはほかの草食獣と競争することなく独占できる。まさに未開拓なニッチを得たのである。

すぐれた嗅覚《きゅうかく》を持つイノシシやブタは鼻が印象的で、絵を描くときは鼻が強調される。よく知ら

ブタ

れる哺乳類の鼻は概ね半球形で鼻の穴は左右につくのに対して、イノシシの鼻は先端が扁平であり、その正面に大きな鼻の穴が目立つ。あたかもレンコンを輪切りにしたようだ。

改良されたブタには野生のイノシシのような危険というイメージはない。品種改良の結果、ブタにはキバがなくなり、ゴワゴワの褐色の毛は白くなり、胴体は肉をとるために肥満化した。イノシシの鼻は直線的に伸びているが、ブタの鼻はひどくしゃくれている。中国はブタをよく食べる国であるが、品種改良の努力も相当なもので、「梅山豚《メイシャントン》」などはブルドッグならぬ「ブルピッグ」とでも呼ぶべき改良ぶりである。

オオカミとイヌを比べると、オオカミは鼻面《はなづら》が長く、直線的である。シェパードなどはこれがそのまま残っているが、多くの愛玩犬は鼻がしゃくっている。チャウチャウは典型的であり、人の顔のような「丸顔化」が選ばれたものと思われる。ブルドッグも「鼻ペチャ」の丸顔であるが、あの顔には人とのイメージの重複がある。ただし、この場合は幼児的ではない。チャウチャウ、ブルドッグ、

左からチャウチャウ、ブルドッグ、梅山豚

梅山豚の顔に共通なのは、皺が多く、鼻から口にかけて頬が垂れることで、これは中高年の人を連想させる。老人には独特の味があるのか、若い女性などが「可愛い」と言うことがある。

家畜化ということでいえば、牛馬とブタで違いがあることをとりあげておきたい。というのはウシでもウマでも原種がいなくなっているということだ。

ウマの原種はターパンであるとされるが、これは1909年に絶滅したことがわかっている。モンゴルにモウコノウマ（現地名タヒ）がいるが、これは別の野生馬である。ウシの原種はオーロックスとされ、17世紀に絶滅した。つまりウマにしてもウシにしても、この地上には品種改良されて家畜になりきった動物しかおらず、「もとには戻れない」のである。それに対してブタは「原ブタ」、すなわちイノシシが現存する。

話がややこしくなるが、一度家畜化した動物が遺伝的には家畜のまま野生化することがある。ここでいう野生化とは人間の世話なしに自分たちで自然界を生きることができるという意味である。北アメリカの「ムスタング」と呼ばれるウマはこれに当たる。このような野生化した動物を英語ではフィーラル（feral）という。ムスタングはフィーラル・ホースである。ウシでは口之島牛《くちのしまうし》（トカラウシ）などが野生化しているし、ヤギは太平洋の孤島で野生化している。

ブタはなぜ見下される存在なのか？

ブタのイメージは良いほうでは愛嬌があることであろうが、悪いほうでは肥満であろう。そして、蹄はハイヒールを連想させるから、失礼ながら、どうしても中年の太めの女性と重複する。

全体としてはブタは見下される存在である。留置場のことは「ブタバコ」と呼ばれるが、人の住むべきでない、最悪の空間ということであろう。そのほか、日本語ではあまりないと思うが、欧米の言葉には「ブタに真珠」とか「ブタもおだてりゃ木に登る」などバカにしたものが多い。ブタに真珠はものの価値がわからないというたとえだが、実際にはブタは知能が高い。実験によればイノシシは記憶力が良く、数字をかぞえることもできるという（江口2001）。

だが、これほど不公正なことはない。ブタが人類に多大な貢献をしてきたことに疑う余地はない。アジアでもヨーロッパでも豚肉は重要な食料であった。中華料理に豚肉は欠かせない。歩留まりをよくするために、肥満体型に改良されたからこそ、効率的な肉生産ができたのだから、太ったブタは称賛されることはあっても、見下されるいわれはないはずだ。そのうえ、ブタは多産で、一度に5匹あるいはそれ以上の子を産み、成長がよい。しかも豚肉は良質である。

さらにいえば、現在、大量の食料廃棄物が問題になっているし、食料品を作る際に農作物の不要部分が大量に出るが、ブタはそれらを食べてくれるので、地球資源の無駄使いを抑制する、まことにエコな動物でもある。人間にとって役立つことばかりのブタがバカにされるとはまことに不条理なことである。

モコモコの毛でおおわれたヒツジ

モンゴルでは最も身近な動物

現在の日本人にとってヤギやヒツジはテレビで見かける動物であり、本物は動物園の「仲良しコーナー」のようなところで見るにすぎない。戦後の食糧難の時代には農家だけでなく、町の家でもヤギが飼われていて、ミルクをとっていた。ヒツジは個人で飼うことはあまりなく、牧場で見るのが一般的だ。

私はモンゴルに何度も行ったが、モンゴルでは人口よりもヒツジの数のほうがはるかに多い。モンゴル人の基本的な生活様式はゲルに住んで家畜を飼うことだが、家畜の中でもヒツジは最も数が多く、ふつうの家庭で数十頭のヒツジを飼っている。

ヒツジの肉はモンゴル人の主食の位置を占めている。羊毛は重要な現金収入源であり、衣類

ヒツジ

の材料としても羊毛は最も重要なものである。さらに、住居であるゲルは羊毛で作ったフェルトでできている。つまりモンゴル人の生活の衣食住はヒツジに依存しているといえる。

ヒツジの群れはモンゴル草原の景観の一部になっている。ヒツジの特徴として、群れるということがある。私たちが自動車で移動しているとき、ときにヒツジの群れが道路にいて、群れが分断されることがある。そうすると残されたヒツジは落ち着かず、走って群れに合流する。この性質は家畜として管理するときに都合がよかったに違いない。先にいる1頭を導けば、ほかのヒツジはみなそれについて来るからである。

印象的な角と毛

ヒツジという動物はウシ科のうち、山岳地に適応したグループである。北アメリカにビッグホーン、つまり「大きな角」と呼ばれる野生のヒツジがいる。体重は100キロを超え、巨大な角を持ち、交尾期のオス同士は10メートルほどの距離から全力で走って頭を激しくぶつけ合って力量比べをする。その衝撃はたいへんなもので、相手のぶつかりを受けるために頭に強い衝撃があるから、頭骨そのものがたいへん厚く、頑丈にできている。それでも脳震盪《のうしんとう》を起こす個体もいるし、打ちどころが悪くて死んでしまうこともある。

この角は毎年内側からつけ加わるので、少しずつ回転しながら伸びる。ちょうど巻き貝の貝殻のように伸びてゆくので、中心からの角度で「3分の2」とか「4分の3」などと呼ばれ、場所によって4分の3以上の個体は狩猟してはいけないなどの決まりがある。

アジアの山岳地帯にもアルガリなどの野生ヒツジがおり、北アメリカのビッグホーンはこれらが氷期にベーリンジアを越えて進入したと考えられている。

アルガリは大きいものでは体重が150キロにもなる大きなヒツジだが、ムフロンというやや小型の野生ヒツジもいる。これはアジアだけでなくヨーロッパの山岳地におり、アルガ

アルガリ

りとともに家畜のヒツジの起源になったと考えられている。

ヒツジの角はたいへん印象的であり、漢字の「羊」はヒツジを正面から見て、上に左右に伸びる角が描かれている。ついでに言えば、「美」は上に「羊」、下に「大」があり、「大きい羊」ということである。大きいヒツジは見た目が美しいということではなく、おいしいということ、つまりすばらしいご馳走ということであり、それが次第に見た目の美しさと置き換わっていったと考えられる。

ヒツジはウシやウマよりは小さいということの意味が大きい。大きい家畜は扱いがたいへんであり、それなりの知識や技術がいる。これに対してヒツジははるかに小さく、扱いやすい。使役には向かないが、食物源（肉もミルクも）あるいは羊毛の原料としては相当に使い道がある。


人類史においてヤギ、ヒツジの家畜化は大きな意味を持っていた。ヒツジの家畜化は古代メソポタミアにおいて紀元前7000～6000年におこなわれたとされる。家畜化によって、肉を安定的に確保できたし、羊毛を使うこともできるようになった。

木綿はすぐれた繊維であるが、防寒機能は劣る。これに比べると毛糸は高い防寒機能があり、寒冷地では欠かせない衣類の原料となっている。毛糸は羊毛を編んだものだが、ヒツジの毛は昔から今のようなものではなかった。

野生のヒツジも多くの哺乳類と同じように、2タイプの毛を持っており、外側にある長い毛（上毛、粗毛などという）と内側にある毛（下毛）がある、上毛は太く、粗いが、下毛は短く、柔らかい。

もともとは上毛が抜けたときに、それを拾って利用したのがウールである。しかし、品種改良をしてウールが長いヒツジが生み出された。とくに紀元前1500年頃にフェニキア人が改良したヒツジは白いウールを生やすので利用しやすくなった。

野生のヒツジは夏毛と冬毛を持ち、季節ごとに生え替わり（換毛）をするが、家畜ヒツジは季節的な換毛はしない。この系統にスペインのメリノ種があり、スペインがこれを独占して、国外持ち出し禁止にしていたため、スペインが経済的に繁栄し、国力を強大化するもとになった。

キリスト教では聖なる存在

ヒツジには無垢でのどかな印象がある。

ヨーロッパのキリスト教社会では、ヒツジは天使、ヤギは悪魔にたとえられた。ユダヤ教の世界は乾燥地帯で、生活の基盤は放牧であり、牧民は毎日ヒツジと接して生きてきた。牧童はヒツジの群れを導いたから、人生にも導くもの（牧童）と導かれるもの（ヒツジ）がいると考えたのは自然なことであろう。このことから、人生という草原には導くものとしての神がいて、人々は導かれるヒツジであるとみなされた。日本では「実るほど頭《こうべ》を垂れる稲穂かな」などと、稲と人柄を重ねたたとえがあるが、農民の日常生活が人生に重ねられるのはいずこも同じであろう。

さて、ユダヤ教の発展型としてのキリスト教では、このことが引き継がれた。群れるべきヒツジの中にときに群れからはぐれるヒツジがいる。牧民はそういうはぐれヒツジを捜すが、そのことから良き人はすべてのヒツジを偏りなく愛すということになぞらえられ、神の博愛を讃えるものとなった。

同時にイエス・キリスト自身が子羊にたとえられる。これはユダヤ教、キリスト教を支えた社会に生贄《いけにえ》の習慣があることと、イエスの死に関係している。これらの社会ではヒツジは神への捧げ物であり、生贄であった。そのヒツジの命を捧げる代わりに人は生きることを約束されると考えられた。日本の人柱なども同様な発想によるものと考えられる。

イエスは罪深い人々の罪を一人で背負って十字架にかけられて死んだ。それはまさに生贄であり、キリスト教ではその犠牲によって多くの人の罪が救われたとする。したがって、神はヒツジである迷える人々を導く存在であるとともに、神自身がヒツジとなって人々を救ったという意味で、ヒツジはキリスト教の核心部にある存在ということになった。

ヒツジとは似て非なるヤギ

山岳地帯にすむヤギ

ヤギからはヒツジとは違う印象を受けるが、分類学的には近い。モンゴルではヒツジとヤギはいっしょに群れで飼われている。ヤギはヒツジよりはふた回りほど小さい。

オスヤギの角はかなり変異があり、大きくてねじ曲がったものや、扁平でまっすぐなものなどいろいろあり、体色も黒から茶色、白、その混じったものなどさまざまである。

ヤギはヒツジに比べると岩などによく登るようである。乾燥に耐えることができるので、砂漠に近いようなところでも飼われている。またウシやウマなら食べ残すような地表に這いつくばるように生える草でもむしりとって食べる。

ヤギの原種はアイベックスかその近縁種であるとされ、ベゾアール・アイベックス、マーコール、狭義のアイベックスがそれに当たる。どれもアジアの山岳地帯に生息し、非常に長い角を持つ。いずれもヤギとの交配が可能であるから、遺伝的には近いものと考えられる。マーコールはイラン辺りの山岳地帯に生息しているという。見たところアイベックスとよく似ているが、体色が特徴的である。マーコールの角はひねったようにらせん模様となる特殊なものである。

アイベックスは非常に長い角を持っており、ビッグホーンと同じようにオス同士が戦うときに使う。岩場の上り下りが得意で、捕食者に追われても悠々と逃げ、捕食者がようやく追いついたかと思うと、数十メートルをジャンプして岩場に蹄が吸い付くように着地する。そのため捕食者は諦めてしまう。

アイベックス

ヤギによる生態系破壊

ヤギが家畜化されたのは紀元前7000年頃の西アジアであるとされ、ヒツジよりも乾燥に強く、また粗食に耐えることができる。

18、19世紀は捕鯨が盛んであったが、当時の船は一度出航するとしばらくは港に戻ることはなかった。冷蔵庫がなかった時代、新鮮な食物の確保は難しかった。このため、壊血病《かいけつびょう》などを患う船員が多く、深刻な問題であった。そこで捕鯨業者がヤギを船に乗せて食物の確保に利用した。そして、立ち寄った無人島にヤギを放した。こうしておけば、ヤギはそこで暮らし、さらには繁殖して、次の航海のときには新鮮な肉が得られると考え、実行したのである。

これは船員の食料確保には良い手段だったが、島の動植物にとっては未曾有のダメージとなった。島にはかつて大陸とつながっていた島と、一度も大陸とつながっていない海洋島（大洋島）とがある。後者の場合、島の植物は進化史的にヤギなどの草食動物の洗礼を受けていないから、たとえば毒を含むとか、トゲを持つなどの適応をしていない。

そのため、ヤギが食べることに無防備であり、一度ヤギが入るとひとたまりもなかった。植物は大打撃を受け、それを利用していた小動物も深刻な影響を受けた。森林が破壊されると、その環境に暮らしていた動物は生きていけなくなった。こうしておびただしい数の動植物が絶滅したが、とくにハワイのカタツムリなどの絶滅はよく知られている。この点で、ヤギは世界の侵略的外来種の

ヤギ

ワースト100にされているほどだ。

海洋島での悲劇は、進化史上のミスマッチという面があるが、要するに土地の植物生産性とヤギの頭数密度とのバランスの問題である。その意味では大陸でも家畜の頭数が増えすぎたために草原が荒廃することがある。中国北部やモンゴルの草原は数千年健全に維持されてきたが、近年の家畜の増加によって草原が維持されなくなり、砂漠化が進行している。そのため、たとえば北京では春に黄砂が飛んできて家の外に出られないほどになる。

中近東や地中海東部など、かつて古代文明が栄えた地方のかなりの部分が砂漠同然の土地になり、「なぜここに」というような大きな建物の跡が残っているが、これらの消滅は家畜の放牧が過度になったためであるという十分な証拠がある。これについてはジャレド・ダイアモンド博士（2012b）の名著『文明崩壊』の一読を薦める。

悪魔とされた理由

ヤギとヒツジは近縁であり、生態も似ているのだが、人々が抱くイメージはかなり違う。それは外見にも由来している。ヤギは毛が短く、毛が長いものも基本的に直毛である。そのため、体型がよくわかる。これに対して、ヒツジは改良されて文字通りの「羊毛」が密生しており、それがカールしているので、まるで楕円形の立体に4本の脚がついているという感じになる。

ヤギのほうがすばしこくて落ち着かないという印象を与え、ヒツジはおとなしくておっとりした印象を与える。ヤギもヒツジも目の瞳孔《どうこう》が横長なので、虹彩《こうさい》と瞳孔の色が違うと奇異な感じがする。それが、とくにヤギの場合は角やヒゲも相まって、あやしげな印象となることがある。

ヤギとヒツジが生物学的には近縁であることを考えれば、人々が抱くイメージの大きな違いは意外なほどである。その要因に外見の差がないとはいえないが、それよりも宗教上の理由づけによる偏見が大きく影響しているように思える。

聖書ではヒツジは天使であるのに、ヤギは悪い動物とされている。悪いどころか中世のヨーロッパでは悪魔のようにみなされ、魔女を背中に乗せて空を飛ぶと信じられていた。ヤギの頭をした悪魔であるバフォメットはおどろおどろしいイメージを強調している。

ヨーロッパにおけるキリスト教の歴史は、もともとあった土着的な、アニミズムの要素の強い宗教との戦いであったという面がある。論理性に勝る一神教は、そうでない土着的先行宗教を蒙昧《もうまい》な異教とみなし、その一掃

ヤギの頭をもつ悪魔「バフォメット」

に努めた。その歴史の中でヤギの悪いイメージは強くなり、ついには悪魔のようになった。

それでいて、家畜として利用され続けたのだから奇妙な話だ。

◎やぎさんゆうびん

「やぎさんゆうびん」という童謡は、誰でも知っているだろう。「しろやぎさんからお手紙ついた」で始まり、その手紙を食べてしまったと続くが、ヤギが紙を食べるということはあるのだろうか。これは「イエス」である。ヤギは反芻獣《はんすう》であり、植物の繊維を、胃の中にいる微生物によって分解させて利用する。紙はセルロースを主体とした繊維である。私の指導していた学生はモンゴルでノートをヤギに食べられてあわてて取り戻したと苦笑していた。ただし、奈良公園でシカに新聞紙を食べられたといった話は聞くし、紙を食べるのはヤギだけではなく、反芻獣であるヒツジでも、ウシでも、シカでも食べる。

家禽と養殖・養蚕・養蜂

家禽の代表であるニワトリ

野生動物を人間の生活に役立てるために品種改良したものを「家畜」というが、広くは「産業動物」あるいは「生産動物」というべきかもしれない。

鳥の場合は「家禽」といい、ニワトリがその代表といえる。漢字では「鶏」だが、日本語の意味はもちろん「庭鳥」であり、もともとは庭に放し飼いにしていた。今「地鶏《ぢどり》」と呼ばれるのがそれであり、味が良い。逆にいえば、食肉にされる一般のニワトリはケージに入れられ、運動することなく育てられるから肉が柔らかく、食べやすいが旨味に欠ける。

ニワトリは、餌を与えて飼育するという意味では家畜と違わないが、ひとつ大きく違うのは、卵が採れることである。野鳥やウミガメなどの卵を食べる習慣は世界各地にあり、卵は良質のタンパク質で、味に癖がないので、すぐれた食品といえる。ニワトリの卵は大きく、各種料理に使われる。

乳牛からミルクをとることと同様、文字通り「搾取」することだが、ミルクが分泌物であるのに対して、卵は母体から独立した個体であり、有精卵であれば本来雛になるべきひとつの新たな命であるから、一線を画すべきものといえる。その意味では「採卵」というより「盗卵」というほうが当たっているかもしれない。

アヒルも家禽であるが、数は多くない。小鳥は世話に手間がかかるわりに得られる生産物が少なすぎるので家禽にはなりえず、ニワトリやアヒル程度の大きさが条件となる。

かといってツルやダチョウのように大きい鳥は世話がたいへんになる。ダチョウは飼育施設があるが、品種改良されておらず、一般の農家には普及していない。

伝達手段としての伝書バト

品種改良されて飼育される鳥としては伝書バトがある。これは食用ではなく「書」、つまり手紙を伝えるハトである。

今はその用途がなくなったが、電話も電報もない時代、あるいはこれらがあっても機能に制約があった時代、数100キロメートルもの距離を短時間で飛んで、目的地に運んでくれるハトはきわめて重要な存在であった。

また今では忘れられたことだが、薬品や血清などを運ぶこともあり、これは道路や飛行機が普及していなかった時代には価値が大きかった。ドローンの前身といってよいだろう。

したがって軍事的にも重要度が高かった。第二次世界大戦中、イギリス軍は数十万羽の伝書バトを飼育して軍事的な情報を得ていたが、これに対してドイツ軍がハトを襲うタカを放ったという。真剣勝負であったのはわかるが、まだその戦争の体験者がいる近い過去の近代戦にもかかわらず、牧歌的な香りのするエピソードである。

私のお気に入りのエピソードは第一次世界大戦のときの伝書バトの話である。ドイツ軍に要《よう》塞《さい》を包囲されたフランス軍が救援要請の文書を伝書バトに託したが、本営にたどり着いたハトは衰弱して死んでしまった。そのハトに対して「殉職」扱いをして勲章が授与されたという。これなどもどこかエスプリが感じられ、コンピューター操作され、電子頭脳が活躍する現代の戦争との違いを感じさせる。

養殖が進んだ真珠

意外な「家畜」として真珠をとりあげよう。

真珠は貝が作るが、貝はタコやイカと同じ軟体動物であり、外側に殻（貝殻）を持つ。だから貝殻は貝の一部にすぎない。

貝は栄養を取り込んで、それを分泌して貝殻を作る。その成分が微小な塊（核）を取り巻いて発達したものが真珠である。もちろんきれいな球形をしているとは限らない。そのため自然界で真珠が見つかるのはきわめて珍しいことであり、それだけに価値が高いものとされた。

日本では長いあいだ大きい真珠はできなかったが、20世紀の初頭に技術改良が成功し、大きく、完全な球形のものが量産できるようになった。当初、自然の真珠ではないとして「偽物」とされたが、真珠そのものにはまったく違いがなく、現在では養殖モノが普及している。養殖技術は改良されたが、貝そのものは品種改良されていない。その意味では、厳密には類型図のDに該当する。

品種改良された昆虫であるカイコ

真珠を作る貝が品種改良されていないのに、昆虫にそれがいるのは意外と感じる人がいるかもしれない。その代表はカイコである。

カイコはガの幼虫であり、その繭《まゆ》から生糸ができ、絹布の原料となる。カイコはクワの葉を食べるので、カイコの飼育はクワの栽培と一体となったシステムである。近代化を目指した明治政府にとって、生糸は外貨を稼ぐ唯一の産物であったから、養蚕《ようさん》産業には力を入れた。

水田面積の狭い農山村は桑畑に変えられ、大量のクワが生産され、カイコに与えられた。養蚕は5000年の歴史があり、改良されたカイコガの成虫（ガ）は筋肉が乏しく羽ばたくことはできても飛ぶことができない。清朝が崩壊したとき、故宮を追われた王族は自分で歩くこともできなかったという。誇張された話かもしれないが、あらゆることを家来がしたために、自分では何もできない廃人のようになっていたということのようであり、カイコガはそれを連想させるものがある。

養蚕業は近代日本にとってきわめて重要であったが、農家にとっても現金収入に直結するありがたい仕事であった。文字通り「蚕」、天の虫であった。

群れで飼うミツバチ

カイコもミツバチもたくさんの昆虫を集団飼育するという点では共通するが、本質的にはまったく違う。カイコは1匹でも飼える。それを10匹に、100匹に、1000匹に増やすだけで、1匹のカイコは隣のカイコとは基本的に無関係にクワの葉を食べているだけである。

これに対してミツバチは社会性昆虫と呼ばれ、集団としてひとつの社会を構成している、ひとつの集団は1匹のメス、少数のオス、多数の働き蜂で構成されている。

女王蜂は繁殖をすることに特化しており、自分で生きることはできない。女王蜂になるハチの卵はほかのハチのものとは違う「王室」という広めの部屋に産卵され、幼虫になるとローヤルゼリーを与えられて大きく育つ。働き蜂になるハチもメスだが、狭い部屋に卵が産まれ、花粉を与えられて育つ。したがってミツバチの場合は1匹だけでは飼育ができず、集団全体をまとめて飼育しなければならない。この点でカイコとは違う。

砂糖が普及するまで甘みといえばハチミツであり、貴重なものであった。養蜂《ようほう》は1万年もの歴史があるとされる。

ハチミツはミツバチが花の蜜を集めたものだが、花蜜そのものではない。ミツバチが吸った花蜜は蜜嚢《みつのう》という器官に蓄えられ、巣に運ばれて引き延ばされる。これにより40%程度であった糖濃度は80％ほどに増加する。また口で引き延ばすとき、唾液が混じって糖が分解されるし、ローヤルゼリーの中に含まれる成分も混入される。ハチミツは栄養価が高くカロリー量は牛乳の5倍ほどもあるという。さまざまな薬効も知られており、健康食品として有益である。

コラム

反芻獣の進化の秘密

反芻という画期的進化

ウシの体型を正面から見るとお腹がずいぶん左右に張り出しているのがわかる。

ウシのお腹（正確には腹腔）の大きい部分を占めるのは4つある胃のうちの第1胃で、大人ひとりが入れるほど大きい。これを含め、胃が4つに分かれているというのがウシを含む反芻獣の特徴で、この「発明」は哺乳類の進化史の中でも画期的なことであった。

ウシに胃が4つもあるのは、反芻をするためである。反芻とは食べたものを口に戻してまた咀嚼《そしゃく》することをいう。それは、食べ物である植物の葉に関係する。植物を構成する細胞の細胞壁はセルロースという丈夫な物質でできているため、ふつうの動物は消化することができない。細胞壁の中には原形質があり、これは栄養がある。したがって細胞壁が破壊できれば栄養摂取ができる。

自然界には動物質や植物の果実のように栄養価の高いものがあるが、こういうものは量が少なく、また動物は逃げるので、食べる側にとっては確保がたいへんである。それに比べれば、植物の葉は大量にあるのだが、哺乳類はそれを利用できないでいた。しかし、歯が丈夫で、食べ物をすりつぶすことができる動物が出現すると、細胞壁の破壊がかなり可能になった。これはいわば物理的消化といえる。そうして砕かれた植物の葉は胃でペプシン（胃液）によって化学的な消化を受ける。

反芻獣はこれに加えて消化器官に微生物を宿らせて発酵する「生物的消化」を生み出した。ここには無数の微生物がいて、細胞壁を破壊する。第1胃から第2胃に移動した葉のうち小さく砕かれていないものは食道を逆流する。第3の胃で水分を吸収されたあと、本来の胃である第4胃に移動して、胃液で消化される。つまり、反芻獣は物理的、化学的、生物的のすべての手法を使って、哺乳類にとって難物であった植物の葉を利用する革命をなしとげたのである。

私たちは牛肉を食べたり、牛乳を飲んだりする。そのために農家でウシを飼う。このことは植物の葉を利用できないサルであるヒトが、ウシという植物の葉を利用できる動物を飼育することで、間接的に植物の葉を利用しているということである。

同じように考えると、ウシは自身で植物の葉を利用しているのではなく、お腹の中にいる微生物にエサを与えるために食べてやっていると見ることができる。そうであれば、ウシは微生物を「飼育」していることになる。また、微生物は寿命が数時間という短いものもいるから、ある時間断面ではさほどの量でなくても、一定の時間の中では膨大な量が生まれては死んでゆく。その膨大な量の死体は良質なタンパク質であるから、ウシはそれも吸収することができる。

進化史上の反芻の意義

反芻によって地上に溢れるようにある植物の葉が利用できるようになった。哺乳類のもとになったのはネズミをひと回り大きくした程度の小型動物であったと推定されている。その原型となった哺乳類は消化器官の構造も消化生理も特殊化していなかったから、昆虫やトカゲなどの小動物や果実などを食べていたと思われる。彼らにとって、たくさんある植物の葉は無用の長物でしかなかった。そうした原哺乳類の中に果実をよく食べるものが現れたはずだ。果実は糖分やタンパク質に富むものが多い。

よく知られているように、体が小さいことにはプラスとマイナスがある。1個体が生きていくために必要な資源量が少なくてすむのは小さいことの利点である。しかし、体が小さいと、大きい種との競争には弱いし、捕食者に狙われても抵抗ができない弱点もある。体が大きければ、当然必要なエネルギー量も多くなるが、その増加の程度は単純ではなく、体重が倍増しても食物量は倍必要にはならない。これは体重の増加に対する体表面積が相対的に小さくなることがひとつの要因だと考えられている。そうであれば体重の3分の2乗に比例する（体表面積の法則）はずだが、実際にはそうではなく4分の3乗であることがわかっている。ただし、それはなぜであるかの十分な説明はできていない（本川1992）。

逆に体重が小さくなれば、摂取する食料の絶対量は少なくてすむが、体重当たりに必要なエネルギーはむしろ多くなる。そのため、ヒミズというモグラの仲間で体重が15グラムほどしかない哺乳類や、体重10グラムしかないハチドリ（中には2グラムという小さいハチドリもいる）の場合、起きている間は休みなく食物を食べ続けなければならないのである。小さい動物は食べられる食物の量が少ないから、エネルギーを確保するためには、栄養価の高いミミズや花の蜜などを選択的に食べなければならない。

なにやら哲学めくが、自然界には栄養価の高いものは少量しかなく、大量にあるのは栄養価の低い植物の支持組織や葉である。そこに体の大小の違いがある原哺乳類がいたらどういうことが起きるだろうか。小哺乳類はどうしても量は少ないが栄養価の高い食物を選択的に食べることになるだろう。そのために、小動物の捕食のしかたなどを洗練させるかもしれない。大哺乳類は大食できるから、多少栄養価が低くても大量にあるものを利用するほうが有利である。

果実を利用していた原哺乳類の中に、体が大きくなって供給量が限定的である果実を探して食べるのでは食料が足りなくなるものが生じたとする。そうした原哺乳類が果実を食べながら、若葉を利用するようになったということは十分にありうることである。体が大きいことは捕食者の攻撃を阻むという意味では有利であるし、暑い季節や寒い季節を乗り越えるのにも有利である。その意味で大型化の必然は十分にあった。あとは葉を利用することができるための消化にひとひねりがあればよかったのである。

第5章

代表的な野生動物

ここまで、ペット、家畜という類型で説明してきた。ここからは野生動物となるが、野生動物であっても、利用されたり飼育されるものもいる。しかし、それらは少数派なので、この章では順序を変えて、類型Fの「その他の野生動物」から始めることにする。

日本には130種ほどの哺乳類がいるが、名前を聞いても姿がイメージされるものはそう多くない。種類でいえばネズミの仲間とコウモリの仲間が圧倒的に多い。その哺乳類の中から、以下には比較的よく知られた種をとりあげてみたい。

人によく似たサル

サルがいる国は珍しい

最初にサルをとりあげる。サルがほかの「けもの」と違うことは直感的にわかり、昔から別格に扱われていたようだ。イヌやネコは前肢と後肢の4本脚だが、サルの前肢は「腕」と呼ぶにふさわしい。それはサルだけが「握る」ことができることに由来する。

それにイヌやネコの顔に比べて、サルの顔はあきらかに人に近い。イヌやネコ、それにウシやウマは鼻面が長いが、サルは鼻や口があまり前方に突き出していないし、耳もヒトのように

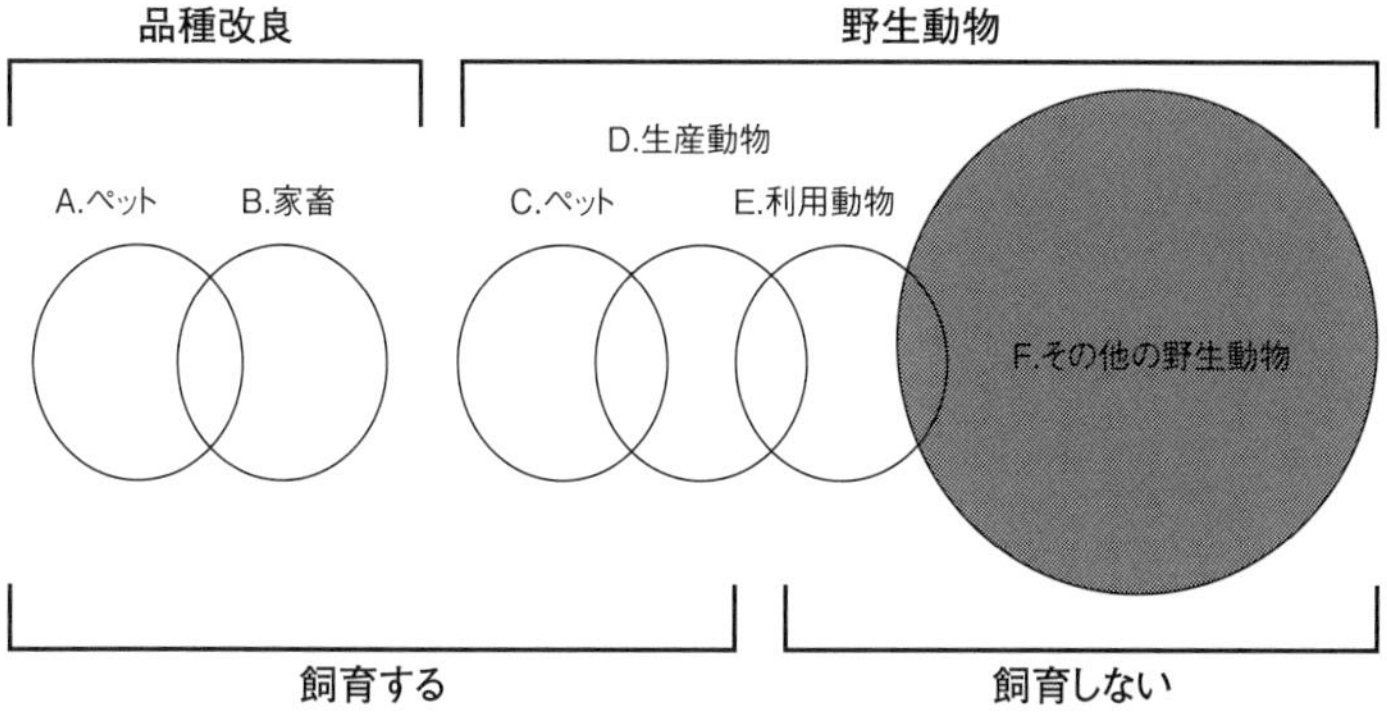

横についている。それに、ほかの動物は顔全体に毛が生えているが、サルはヒトと同じように肌が露出している。

こうしたことから、私たちは直感的に「サルはほかの動物とは違う」と感じる。その直感は正しく、生物学的にもサルは人に近いことがわかっている。というより、人（ヒト）はサルの１種であるというほうが正しい。

日本人にとって、サルというのは馴染みのある野生動物だが、実はいわゆる先進国でサルがいる国はごく限られる。

例外はスペインの最南端のジブラルタル（イギリス領）にいるバーバリマカクというサルだ。これは人為的に持ち込まれたようで、ニホンザルのように国のいたるところにいるサルというのはヨーロッパにはいないし、北アメリカにもいない。日本列島（ただし北海道を除く）のように確実にサルがいるというのは例外的なことなのである。

それはなんといっても日本列島が温暖湿潤で、その結果、森林が豊かな国であることによる。森林は欧米にもあるが、氷河時代における氷河の発達の程度が違うため内容が違う。ヨーロッパでも北アメリカでも氷河は現在の先進国全体をおおったため、動物も植物も南に後退することを強いられた。その寒冷地に生き延びた哺乳類は生物地理学でいう旧北区《ほっく》や新北区にいるクマ、バイソン、シカ、ウサギなどの仲間で、サルは含まれていない。サルがいるということは現在旧北区である日本列島に東洋区の要素が残る余地があった、つまり徹底的な寒さを経験していないということで、実際、日本列島は動物も植物も非常に豊富である。

哺乳類はいわゆる「恒温動物」で寒さに強いから、ヨーロッパや北米にもかなりいるほうだが、爬虫類、両生類、昆虫などの変温動物になると、日本列島は欧米の同緯度と比べて桁違いに種数が多い。これはササなどの植物でも同様で、欧米にはササがないし、つる植物やミカン、クスノキなど暖かい地方の植物は欧米には非常に乏しいが、日本列島には豊富にある。

こうした環境がニホンザルが日本列島に生き延びることを可能にしたものと思われる。もちろん日本列島においても氷河期には南西日本に追いやられていたが、温暖化にともなって北上し、下北半島まで達して現在にいたった。ただし、津軽海峡を越えることはなかったから、北海道に野生のサルはいない。

サル(ニホンザル)

サルに対する特別な感覚

　このため、日本人にとってサルは身近な存在で、「桃太郎」の話にも登場するし、猿回しなどで目にする機会も多かった。サルに対するイメージはほかの動物に比べて、頭が良いがヒトよりは劣っているというもので、おっちょこちょいで、失敗をやらかすというものであろう。

　サルに対しては、ウサギなどに抱く可愛いという感じはあまりないが、人の好奇心をくすぐるらしく、人気があって動物園でも飼育されていることが多く、「猿山」などという区画があって群れで飼われていることがある。また高崎山のように、半野生状態で飼育されている施設もある。これはほかの野生動物では考えにくい。

　動物園で見るサルは、ほかの動物のように寝ていたり、檻の中を行ったり来たりしているだけということはなく、餌をとりあったり、個体間に優劣があるなど、見ていて退屈しない。また、たいていは子猿がいて遊んでいたりするので、人の子どもと重ねてみて「やっぱりお母さんがいいんだね、人と同じだね」などと言いながら、眺めて楽しんだりする人が多い。

ここではサルを、利用されない野生動物としてとりあげたが、かつてはサルを食べる習慣のあった場所もあるし、後述する「猿回し」はかなり特殊な利用法といえる。

サルを見るときに感じられる感覚で見落としてならないのは、ゾウなどの大きい動物を見たときに感じられる「すごい」という圧倒されるような感覚や「とてもかなわない」という敬意につながるような感覚はないということである。体の大きさからしても、知恵の程度にしても、われわれ人よりは劣るという感覚がある。

その心理は、たとえばキツネやタヌキに対しては感じないものだ。キツネやタヌキに対して「オレのほうがすぐれている」とは初めから思わない。それはあまりに違いすぎて、そもそも同じ土俵に立っていないからであろう。嗅覚や、暗い場所での視力などはキツネやタヌキのほうがずっとすぐれているが、それは、違う生き物には違う能力があるのは当然ということで処理されてしまう。

ひとりサルに対してだけ優劣が気になるのは、似た者同士として同じ土俵に乗りうるからであろう。「サルは木登りはできるけど、あとのことはダメだよね」という感覚である。そして温泉に浸かって目を閉じているようすを見ると、「一丁前にくつろいでるよ」などと感じる。そこには意識はしていないが、イヌや、ましてやウシなどには決して持たない、温泉に入る者としての同類意識があり、「動物はいい気持ちになって目をつぶったりはしないが、サルだからするんだ」という共有感がありながら、「でも、体を洗ったりなど絶対にしない。サルはしょせんサルだ」という優越感が共存する。

ときどき、市街地にサルが現れたと話題になることがある。そのときの報道の調子は、タヌキやシカの出没とは違いがあるようだ。タヌキやシカだと、事情がまったくわからないのだから、追いやるなり捕まえるなりして排除するというものだが、サルが屋根の上や電線を歩いているときは、「人のルールはわからないだろうから、困ったものだ」と、本来はわかるべきなのにわからないという響きがある。あたかも、暴走族のやんちゃ坊主に対するように、「若気のいたりなんだからしかたない、今後は気をつけろよ」といったふうである。

イギリスのシャーロット王女が誕生したとき、高崎山で生まれたサルに同じ名前をつけたら、市民から「失礼ではないか」という意見があった。この心理はおもしろい。サルごときに、王室の王女様と同じ名前をつけるとは、イギリス王室に失礼であろうというご高配のようだが、イギリス人は「いいんじゃない」と軽くいなしていた。

そこには、そもそも名前に対する意識の違いがある。日本人は名前をつけることで何かパワーを吹き込むような感覚を持つ。「名前負け」とか「名に恥じぬ」などという表現は、その名前にふさわしい人格があり、命名することはそのような人になることを願うという気持ちからきている。だから、サルにシャーロットと名づけることは王女の名前を格下げするから失礼だということであろう。

おもしろいのは、動物の名前なのだから人格など関係はないはずなのに、サルに命名するのは失礼だということである。これはサルに人格を求めることであり、その時点ですでにサルと人とを同一視していることになる。イギリス王室に失礼であると感じる心には、サルに対してはほかの動物よりも高い位置づけをする無意識があり、はなはだ礼儀正しいように思う。

そのあたりの心理はかなり微妙で、後述するようにキツネやタヌキは化かすとされてきたが、それはまったく異質なものが不思議な力によって変化するということである。それなら、よりヒトに近いサルのほうが変化の度合いが小さいのだから容易に化けるように思えるが、サルが化ける話はあまり聞かない。それはサルはヒトにあまりに近いために、リアルすぎて却《かえ》って不気味さがあるからではないだろうか。

こうしたことを考えてくると、われわれ日本人にとって、サルとは動物ではあるが、かなり別格の、人の脇に位置する動物ととらえられているようだ。

猿回しという特殊な利用の仕方

サルはペットや家畜として利用されることはないが、「猿回し」という形で見世物として人々を「楽しませる」ために利用される。これは類型図でいえばDの特殊形といえる。そのためには幼獣を捕獲して訓練をさせなければならない。これには飴《あめ》と鞭《むち》が使われるから「調教」というべきであろう。

サルは知能が高く、ほかの動物にはできない芸をするから人々に受ける。その起源を調べた大貫（１９９５）によると、猿回し芸はもともとは貴族に仕える高貴な立場の人々のおこないであったらしい。しかし時代が下るにつれて庶民の楽しみになり、現在に続いている。

人々はサルを人間と同一視して笑うが、サルが芸をするのはもちろん意味を理解してのものではないし、その芸が飴と鞭の結果であることを考えれば、私には笑うことはまったくできない。実際、芸をさせる人は観客に受けて喜んでいるが、サルを見ればそうでないことはあきらかだ。

私はさまざまな芸は芸術性の高い低いを問わず、文化として残すべきだと思う。しかし動物についての理解がなかった時代にできた猿回しは、現代の動物行動学や動物福祉に照らして考えたら、見直したほうがよいと思う。

猿回しから続けて考えられるのは、サーカスの動物や、イルカショーなどであろう。サーカスは映画やテレビ、ましてやインターネットなどのなかった時代の庶民の楽しみであり、手品や綱渡りなど、人を驚かす芸がいろいろおこなわれた。そこにはゾウやトラ、クマなどの動物がいて、それを鞭打ちながら芸がおこなわれた。日本のサーカスでは猿回しもつきものであった。飼育条件が劣悪であろうことや、うまく調教できなくて「処分」される動物がいたことは想像にかたくない。これは前時代的なもので、消滅させるべきものであろう。

なお、東北地方などにはサルを食べる食習慣があったし、東南アジアのサルは高いヤシの木に登ってヤシの実をとるよう訓練されて、一種の使役目的で利用されるし、さまざまな実験にも用いられている。

サルによる農業被害

サルの項の最後に農業被害のことを考えておきたい。野生動物であるサルは農作物を食べることがある。サルの食べ物の好みは人のそれと重なるから、人が食べるために栽培する果実や野菜はサルにも魅力的な食べ物である。したがってサル側からすれば、できれば食べたいが、人がいて怖いから近づくことができない、長い間そういう関係があった。

　ところが農業人口が減り、過疎化、高齢化が進むにつれ、サルが山里に現れて果物や野菜を食べるようになった。シカやイノシシが野菜を食べるのを「盗む」とはいわないが、サルの場合は「盗まれる」と言う人が多い。これもサルを人と同一視に近い感覚でとらえているからだと思う。シカやイノシシなら丁寧に柵を作ればかなりの被害は防止できるが、サルは柵に登れるし、木の枝をつたうなどして柵に出入りするのでやっかいである。それに相手によっては威《い》嚇《かく》したりもするので、おばあさんなどには恐ろしい侵入者となる。ただのどろぼうではなく強盗である。

　これに耐えかねて駆除がおこなわれる。現在、全国で1万頭以上のサルが駆除されている。驚くべきことに、東京都でも八王子市や檜原村など西部でサルの駆除がおこなわれている。すでに紹介したように、欧米にはサルはいないから、欧米の動物好きは、東京にサルがいると聞いただけでうらやましいと言うが、実は農業被害が出て駆除されていると聞くと、信じられないという顔をする。

間抜けでずんぐりしたタヌキ

「狸」は都市にも順応？

タヌキの生物学的な特徴をまとめておこう（高槻2017a）。タヌキは分類学的にはイヌ科に属す。キツネもイヌ科である。イヌ科は基本的に胴体はしっかりした作りで、ネコ科やイタチ科のように走るときに波打つことがない。そのため、長距離走に適している。その代表格であるオオカミやキツネが四肢が長く颯爽としているのに対して、タヌキは太い胴体を短い四肢が支えており、歩くとトコトコという擬態語が似合う歩き方をし、太い胴体は秋にはさらに太くなって、大げさにいえばお腹が地面につきそうなほどだ。したがって全体の印象はずんぐりむっくりでお世辞にも颯爽とはほど遠い。

タヌキの体色は、黒に近いこげ茶色の毛と薄い褐色が混じって、額は淡色、目の周りは黒、肩に縦に白い筋があって、四肢は黒、胴体は両方の色が混じったような色で、尾はこげ茶色といった具合で、なかなか複雑な体色をしている。鼻先が前方に突き出しており、嗅覚が非常にすぐれている。オオカミなどは動物を食べるが、タヌキやキツネは雑食であり、動物も食べる

タヌキ

が、基本は果実食である。タヌキはイヌ科の原始的な性質を残しており、森林にすむ。一夫一妻制で、オスも子どもに餌を運ぶという。分布は東アジアで、日本では農村地帯、つまり里山によくいたので、「狸」という字があてられる。現在では農山村だけでなく市街地にもすみ、残飯をあさることもある。都心の明治神宮や皇居にもいることが知られている。

都心の市街地にもすんでいるということは、それだけ順応性があるということである。タヌキとキツネはよくひとまとめにされるが、キツネは都市にはすまない（ただしイギリスでは事情が違うようだ）。順応性というのは食べ物の幅が広く、騒音や人による干渉などに対してあまり神経質でないということだ。

イヌ科に属しているだけに、鋭い歯を持っており、動物を捕まえて裂いて食べることもできそうだが、実際には果実を主体に食べている。初夏はサクラの果実、キイチゴの果実などを食べ、夏になると昆虫類が増えるが、秋になるとエノキやムクノキなど木の実が落ちるのでこれらをよく食べるほか、場所によってはカキノキの実（カキの標準和名はカキノキというので、カキの実とはいわないでカキノキの実となる）、ギンナン（イチョウの実）もよく食べる。冬になると食べ物が乏しくなり、秋の果実の残りを食べたり、ネズミなどの哺乳類や鳥類を食べるようになる。春もそれが続くが、木や草の葉をよく食べるようになる。市街地や郊外では多少とも人工物を食べる。私はタヌキの糞を分析しているが、糞からは輪ゴム、ポリ袋、革製品、手袋の破片などいろいろなものが出てくる。輪ゴムやポリ袋などは、食べ物の匂いがするので食べられると思って食べてしまうのだろう。

こうして、かつては里山、つまり農業地帯を住処《すみか》にしていたタヌキは都市化が進んだ現在、都市にも順応してたくましく生きている。ただ、都市では相当数のタヌキが交通事故死しているという現実もある。

ぽんぽこタヌキとして愛される

タヌキは、キツネとともに人を化かすことになっている。ただし、キツネが美人に化けるのに対してタヌキが化けるのは田舎の健康な娘といったところで、しかも尾を残していたりする。

この間抜けなイメージは外見によるところが大きい。

よく太った胴体に短い四肢があり、全体にふかふかの茶色い体色をしていて、丸顔、目の周りに黒い垂れ目のような模様があるといったところから来るのだろう。私はタヌキの目の周りの垂れ目模様や肩から足にかけての黒い線は、パンダと共通であることに気づいたので、試みにタヌキの体型にパンダの模様をつけてみた。そうすると。この「パンダヌキ」は、かなり違うイメージになった。もしタヌキの体色がこのようだったら、「間抜けなタヌキ」というイメージは持たれなかっただろう。

タヌキは「ぽんぽこタヌキ」などと呼ばれ、腹づつみを打つとされるし、「八畳敷き」とされる大きなキンタマを持っていることにもなっているなど、話題が多い動物ともいえる。それだけ愛すべき存在ととらえられているということであろう。このためタヌキが登場する民話もあるが、これは7章でとりあげる。

「パンダヌキ」

狡猾であやしいキツネ

キツネは広く分布している

タヌキとペアでとりあげられるのがキツネである。

キツネにもいくつか種があるが、ここでいうのはアカギツネのことである。分布はインドや東南アジアにもいるだけでなく、周極地方にもいる。つまり熱帯から寒帯までをカバーしていることになり、ひとつの種でこれほど多様な生態系に生息するのは珍しい。

キツネは中型犬ほどの大きさで、黄色い体色、長い四肢、太い尾が特徴的である。歩くとき、尾が水平に揺れるのも印象的である。俊敏な動きができるので、飛ぶ鳥や、すばやく逃げるネズミなども捕らえることができる。

キツネは単独生活をし、地下に穴を掘って巣を作る。冬になると一夫一妻のペアを作って、数匹の子どもを育てる。オスはメスや子どものために食物を巣に運ぶ。

キツネ

どうしてずる賢いとされるのか？

外見から受けるキツネのイメージは「美しさ」と「あやしさ」であろう。スラリとした体型と不自然なほど鮮やかな黄色い体色からは美しさを感じる。一方、切れ長で、虹彩が縦長な目や不思議な動きをする尾などからはあやしさを感じる。またすばやい動きや、巧みな狩り、人から逃げるときに見せる知恵などから、ずる賢さ、狡猾《こうかつ》さなどのイメージも強い。

◎イソップ寓話

イソップはキツネについての寓話をいくつか書いている。よく知られたものに、「すっぱいブドウ」の話がある。キツネが高いところにブドウを見つけて食べようとするが、どうしても届かなくてあきらめ、「あんなすっぱいブドウなんか誰が食べるものか」と捨てぜりふを吐くという話だ。キツネの性格の悪さを表現しているが、しかし人であれば誰にでもある心理を巧みにとらえている。

「キツネとヤギ」という話もある。キツネが井戸に落ちて困っていたのだが、そこにヤギが通りかかって、その水はおいしいかと聞く。キツネは実においしい水だから降りて飲みなさいと言い、ヤギは井戸の中に降りて水を飲んでから、井戸から出られないことに気づく。キツネはヤギに後ろ足立ちになれば自分が登れるから、登ってから引き上げてやると言う。ヤギはなるほどと思ってそうするが、井戸から出たキツネは約束を反故《ほご》にして立ち去るというものである。このキツネはずる賢く、人をだますものとして描かれている。私はこの話を読んだとき、ワニをだました因幡のシロウサギのことを思い出した。

「キツネとカラス」という話もある。肉をくわえたカラスが木にとまっているのを見つけたキツネが、「あなたは美しいから鳥の王様になれる」とおだて、「声もきれいでしょう、ぜひその美声を聞かせてください」と言うのでカラスが鳴くと、くわえていた肉が落ちてキツネが食べたという話である。ここでもキツネは相手にうまいことを言ってだます、ずる賢い動物として描かれている。

イソップの話は実におもしろいが、キツネがブドウを食べることや、カラスが食べ物をくわえて木にとまっているところなど、動物の性質もよく知っていたことがわかる。そうであるからこそ、話にリアリティがあって読者の心をとらえるのだろう。いずれにしてもヨーロッパではキツネはずる賢い動物というイメージを持たれているようだ。

タヌキやキツネが「化かす」のはなぜか？

日本では、タヌキやキツネは人を化かすとされてきた。「化かす」という言葉は「化ける」と同類だが、「化ける」は変身するということであるのに対して、「化かす」のほうは、相手がいることが前提となる。「キツネが美女に化ける」というのと、「キツネが美女になって化かされた」というのではまったく違い、後者は、キツネが変身したというより、それを見た者がそう思ってしまったということである。

「キツネにつままれる」という表現がある。確かに机の上に置いたはずの携帯電話がなくて、置いたつもりのない棚にあるのに気づいたときに「あれ、キツネにつままれたみたいだ」などと言う。棚にあったのは自分の思い違いにすぎなくても、何者かが机から棚に動かしたような気がするときの表現である。

現代の都市の地面は舗装され、建物はコンクリートやガラスでできた無機質な幾何学的空間である。だが、かつての農村地帯は地面は土、いたるところに草が生え、木も多かった。ネズミは言うにおよばず、ウサギ、キツネ、タヌキなどはふつうにいたし、小鳥はいくらでもいた。昆虫は農作物に害を出すし、カやハエはうるさい邪魔者だった。要するに生命の溢れる空間であった。

お墓に御供えをすればキツネが来てさらっていったし、ちょっと油断をしていると「トビに油揚げをさらわれ」た。そのように、人は動物と競い合うように生きていたのだ。どこに何が潜んでいるかわからない。実際、土の道を歩いていると、草むらからヘビが出てきてびっくりするとか、田んぼのあぜ道を歩いていたら、カエルがうるさいほどに鳴いているということがよくあった。

それに加えて、幽霊や化け物が「いた」。夕方に藪《やぶ》がゆさゆさ揺れるとか、夜道を歩いていたら不気味な声が聞こえるなどは日常茶飯事であった。それらは想像の中で黒々として赤い目をした化け物になったし、川辺でチャポンと音がすれば、その水の下には河童がいるに違いなかった。

そういう世界に生きていた人が、薄暗くなったときに、藪陰でキツネに会ったとしよう。キツネは人が怖いから逃げる。逃げて藪に入るとき、振り返って人の動きを見る。これは追っ手である人の動きを見て、どこに逃げるのが安全かを判断するためであり、もちろんタヌキでもサルでも同様である。ただ、サルは昼間しか動かないので、印象はまるで違う。里山はいうまでもなく、江戸でも夜は暗く、いたるところに闇があり、闇の中には恐ろしげな命がうごめいていた。キツネやタヌキはチラリと振り返ったあとその闇に消えてゆくのである。

この警戒行動はごく自然なことである。もし追っ手の動きを読みもしないで、ただ直線的に逃げるような動物がいたら、すぐに捕食者に捕まってしまうことだろう。その点、人間には宗教的信条とか政治的イデオロギーによって、堂々と権力に立ち向かい、不遇の死を遂げるといった「勇者」がいるが、それは自然界においては無謀そのものである。

だが私たちは、動物を人と重ねて見がちである。悪事を働く人はおどおどし、周りを気にする。万引きをする小心者は自分が見られていないか、キョロキョロと周囲に目を配る。闇に消えるときのキツネやタヌキの行動はまさに小心者の行動そのものである。自分たちとは違う動物が小心者の動きをするのを見れば、「こいつは何か企《たくら》んでいるな」と思うのは自然なことだろう。そういった想像が「キツネやタヌキは何かやろうと企んでいる。そういえば、この前、大事なものがなくなったが、あれはキツネがやったのではないか」と思わせたのではないだろうか。

というわけで、私はキツネやタヌキが人を化かすと信じられたのは、昔の人々は無数のわけのわからない生き物がいるという実感を持って生きていた中で、闇に消えるときにあやしげな目つきで振り返る行動が人々に「化かす」ことを連想させたのではないかと推理する。化かす要素はあらゆる動物にあったが、家畜にはあやしさはないし、小動物は化かすパワーが人に迷惑がおよぶほどにはないと感じられていたのではなかろうか。

巨大だけど「お人好し」なクマ

日本の陸上哺乳類最大を誇る

クマは日本の陸上哺乳類最大の動物である。とくに北海道にいるエゾヒグマは大きいものでは200キロを超え、まれに500キロにもなるものがいる。巨体で知られる逸ノ城関《いちのじょうぜき》が体重215キロであるから、その巨大さは推して知るべしである。本州以南にいるツキノワグマは大きいもので120キロほど、例外的に170キロほどの記録があるという。いずれにしても本州最大の哺乳類である。

ヒグマの食性を調べた研究によると、冬眠から覚めたヒグマはシカ（エゾシカ）の死体や草本類を食べ、夏になると草本類と農作物、それにアリなどの昆虫が増え、秋になるとベリー（多肉果）やナッツ（堅果）が多くなるという季節変化を示す（佐藤2011）。ツキノワグマも基本的には同様の季節変化を示す。ツキノワグマでは長期的な調査もおこなわれており、秋のドングリ類の結実状態によって大きな年変動があることがわかってきた（小池２０１１）。ドングリをつけるナラ類やブナは豊作年と並作年、凶作年がある。ミズナラが凶作でもブナが豊作であればクマはそれを利用するが、ときにほとんどのドングリが凶作の年がある。冬眠を控えた秋のクマは脂肪蓄積のために澱粉《でんぷん》に富むドングリを大量に食べるので、ドングリがないと、代わりにサルナシとかアケビなどのベリーをよく利用する。ときに「クマが里に降りてきた」と報じられることがあるが、こういう年は山のドングリ類が凶作であることが多い。食べ物がなくなったクマが危険を承知で里のトウモロコシやカキノキの実などを食べに降りてくるのである。

クマ（ツキノワグマ）

童話に登場するクマのイメージ

クマのイメージはかなり複雑である。人身事故を起こすのだから危険な猛獣に違いない。ところが一般にはあまりそうは思われていない。それはクマの外見から来ている可能性が大きい。クマの写真を見ると、太い胴体、太い四肢、丸い顔と「可愛いと感じる動物」の要件をかなり満たしている。顔もキツネのような狡猾さやオオカミのような凶悪さは感じさせない。

こういう直感に加えて、幼年期に接する童話のイメージが強い影響を持つ。日本の童話の「金太郎」では、金太郎がクマと相撲をとったと記述されており、男の子と仲良く遊ぶ動物というイメージがある。「3びきのくま」も擬人化され、おだやかな両親とあどけない子グマが描かれている。最近では「クマのプーさん」が人気があり、イラストやぬいぐるみはたいへんな人気である。これものんきなお人好しのイメージである。

その結果、現実に人身事故が起きているにもかかわらず、なんとなくクマが実害のある困った動物だという認識はあまりない。少なくとも都市住民にとってはその傾向が強い。

里に降りるクマ

戦後しばらくの、まだ農山村に人が多かった時代、クマが里に降りてくるという話を聞いた記憶がない。その時代、ノウサギはいくらでも獲れたというし、キジやヤマドリなども多かったから野生動物は豊富だったと思われる。にもかかわらず、当時はクマが里に降りることがなく、なぜクマが少なくなった現在になって降りてくるようになったのだろうか。

これについて、ひとつだけ指摘しておきたい。戦後、非常な勢いで人工林の針葉樹植林がおこなわれたことである。「森林・林業白書」によると1966年の人工林率は31・5％であったが、1986年には41・4％になった。10％の増加はさほどでもないという印象を受けるかもしれないが、そうでもない。

1952年から1970年にかけては毎年35万ヘクタールもの造林がおこなわれた。この面積は埼玉県（38万ヘクタール）よりはやや狭いが、東京の1・6倍ほどある。「造林」といえば林のないところに林を作るのかと思いきや、そうではない。天然林を伐採して針葉樹を植えたのである。だから実際は造林して数年から十数年はススキ原あるいは藪のような状態であり、林はない。こういう群落はクマの食物として重要なドングリ類が実らない。そして植林した針葉樹が育って次第に暗くなっていく。つまり半世紀ほど前にクマの生息に適した林が失われたのである。

半世紀より前にはクマが里に降りてくるということを聞かなかったのは、それは奥山に多様性の高い森林があって、いろいろなドングリをつける木や、ベリーをつける木があり、ある木が凶作でも代わりに実をつける木があったから、里に降りる必要がなかったためである。しかし人工林率が40％以上の面積を占め、しかもそれが育って、暗い林になってしまったため、クマは里に食物を求めるしかないという状況が生まれているのである。

クマは狩猟や罠によってきびしい現実に直面しているが、本当にきびしいのは奥山に豊かな食物を実らせる林がなくなったことにある。

人とクマの関係という意味では、クマが危険な動物だということに問題の深刻さがある。クマによる人身事故は深刻であり、ときに死亡事故にいたる。ある意味、クマは巨大なイヌであり、力は強く、走ることも、木を登ることも、泳ぐことも人よりはるかにすぐれている。もし山で人とクマがふいに出会い、クマがパニックになったら、危険はきわめて大きい。

日本の哺乳類で人に重症となる怪我を負わせるものはほかにいない（イノシシは危険だが重症事故はほとんど聞かない）。一般にはクマは少なくなったと思われている。だが、クマによる人身被害は増えている。２０００年くらいまでは年間十数件から、多くても30件ほどだったが、２０００年以降は50件以上となり、１００件を超

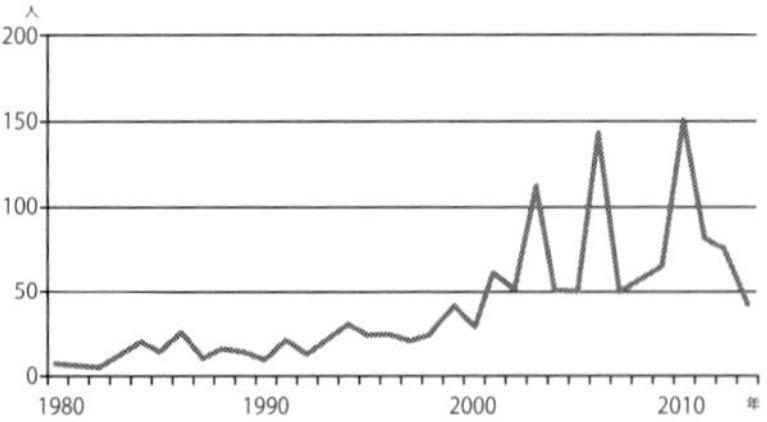

クマによる負傷者数の推移（環境省資料「クマ類の保護管理」）

えた年も3年ある。

　事故数だけからはクマの頭数はわからないが、林道ができ、自動車が普及して山に人が入るようになったのは1980年代くらいからであり、2000年になって山に入る人の数が急に増えたとは考えられない。十分にありうるのは、人が山に入ることとクマが低地に降りることの両方が起きたということではないだろうか。そして後者の理由は山に人工林が増えすぎたことにある可能性が大きい。

身近な野鳥、不思議な野鳥

少なくなったスズメ

　スズメは人里なら農村でも都市でもいたるところにいる。いや、いたというべきでろう。というのは、私は東京の小平市というところに住んでいるが、この10年ほどでもスズメが減ったと感じるからである。私の直感だけでなく、東京東久留米市にある自由学園では1960年代から継続的にスズメの数が調べられていて、この40年ほどの間に10分の1に減少しているという（三宅2012）。全国的にみると、スズメによる被害もやはり大きく減少しているというし、駆除数も減っているから、スズメが減っているのはまちがいないようだ。

その理由を特定するのは難しいが、都会と農地を比べると、生まれる雛の数が都会では少ないことがわかったという。食物となる植物が生える空き地や畑が少ないからのようだ。ただ、私はスズメの営巣環境が減ったのも大きいと思う。半世紀ほど前から瓦屋根が減り、残る瓦屋根も昔風のゆるくて隙間があるものがなくなった。またアルミサッシが普及して家の窓や壁に隙間がなくなった。このことはスズメが巣を作る場所を激減させたはずである。

今はあまり言われなくなったが、私が小学生の頃はツバメは昆虫を食べる益鳥だが、スズメは米を食べる害鳥だと教わった。とはいえ、家にスズメが営巣することをいやがる人もいなければ、スズメを見て「悪い奴だから捕まえよう」という雰囲気もなかった。ゆるやかに共存を許していたというところであろう。

都市を荒らすカラス

カラスはスズメとは、だいぶ事情が違う。カラスは童謡にも歌われ、害鳥とはみなされていなかったように思う。友達の家ではカラスを飼っていた。私たちが「カラス」と呼ぶものにはハシブトガラスとハシボソガラスの2種がいて、性質が違う。

「ブト」がもともと森林にすみ「カー」と鳴くのに対して、「ボソ」は海岸や草原などにすみ

「ガー」と鳴く。どちらも頭が良い。自分で割れないクルミを信号のある交差点の道路上に置いて自動車に割らせるカラスがいる（樋口２０１６）。

スズメが人の住宅事情の変化によって減少しているのに対して、カラスは違う。むしろ都市で増えているようだ。都市で増えたのはハシブトガラスで、電線などにとまって地上の餌を食べる性質が、ゴミが大量に出る都会生活にあっているようだ。都市には天敵である猛禽類が少ないこともカラスにプラスになっている。生ゴミを出す日は、ゴミにネットをかぶせるのだが、少しでも隙間があると目ざとく見つけて、ポリ袋を破ってゴミを食べる。あまりにひどいので駆除がおこなわれている。東京都では大きい罠を作ったり、巣を撤去したりして数を減らしてきた。多いときは年間1万羽以上も捕獲された。またゴミにネットをかけたり、ゴミの量を減らしたりする努力も続けられている。その結果、カラスに関する苦情は大きく減った。

カラスは全身が真っ黒なので、不気味さがある。黒い動物といえば、クロヒョウ、ツキノワグマ、カラス、クロダイ、ウナギ、クロアゲハ、クワガタなどいろいろいる。黒い動物は不気味さあるいは高貴さを感じさせる。全身が黒いために目がどこを見ているのかわ

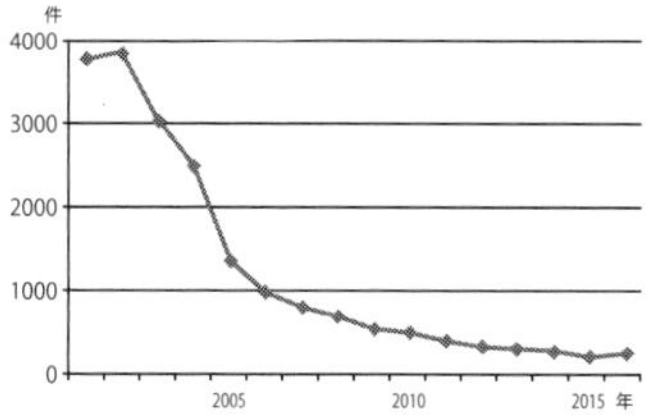

東京都でのカラスの苦情数（カラス対策プロジェクトチーム報告書）

からないから不気味さを感じさせるのだろう。サングラスも同様の効果を持っている。そしてカラスは賢いから、隙を見て食べ物をさらったり、ときには人を攻撃したりもするので、憎まれたり、怖がられたりする。そのせいか、動物の数を減らすときに必ずある反対の声もカラスの場合はあまりないようだ。

カラスを詳細に調べた大田眞也氏（大田2007）は日本では伝統的にカラスは尊い鳥とされてきたという。たとえば7世紀の法隆寺の玉虫厨子《たまむしのずし》には3本足のカラスを内蔵した太陽が描かれており、キトラ古墳でも同様なデザインが確認されたという。また「日本書紀」には神武天皇が道に迷ったときに、夢にカラスが現れて導いたおかげで目的地に着くことができたという記述があるという。神武天皇はその後天下を平定した。カラスは天照大神《あまてらすおおみかみ》が遣わしたとされ、カラスと太陽は強く結びついている。その後天皇の即位には八咫烏《やたがらす》がデザインされた装束を着用するようになったという。

大田氏は、そのような歴史と伝統があることを考えると、悪者として駆除されている現状は日本の歴史の中でなかったとしている。そして、日本人は本来、一木一草にも神が宿ると考え、自然に畏敬の念を持ち、謙虚に暮らしてきたはずであるのに、現代は傲慢になったとしている。私も大田氏に共感を覚える。

平和の象徴であるハト

都会にもいる鳥としてはハトもあげないわけにはいかない。駅や公園などでよく見るのはカワラバト（ドバトともいう）で、日本の在来野鳥ではなく１５００年ほど前に導入された家禽である。これが訓練されたものが伝書バトだ（４章を参照）。もともとは崖地のような場所に生息していたとされ、都市環境はそういう場所と共通点がある。群れる性質があるために、ハトが集まる場所では「糞害」が起き、駅などには「ハトの糞注意」などの張り紙がある。それでもカラスのように駆除作戦という動きにはならないようだ。

それには被害がカラスのゴミ問題のような深刻さがないことが大きいが、姿がカラスのような不気味さがないことも影響しているかもしれない。ハトは「鳩胸」という言葉があるように、胸が大きく突き出し、全体に太い体で、多くの鳥のように細い首の先に大きめの頭があるのではなく、太い胸から徐々に細くなる円錐状の首の先に小さな頭がつく。これは人でいうと、子どもではなく大人の女性、母親とつながるイメージがある。このため豊かで健康な印象を受ける。そして力強く直線的に飛ぶ。ワシからは精悍《せいかん》な男性を、ハトからはやさしい女性をイメージするのは自然のことであろう。ハトが群れ飛び、群れ全体が旋回するようすを見ると胸がすく感じがする。

そういうこともあってか、「鳩ぽっぽ」のようなのどかな印象があるし、欧米では平和のシンボルとされてきた。これは旧約聖書の「ノアの方舟《はこぶね》」の話に由来する。洪水のために舟で乗り出したノアは40日目にハトを放つが、水が多くてとまるところがなく戻ってきてしまった。7日後に放ったら、オリーブの葉をくわえて戻ってきた。さらに7日後に放ったハトはもはや戻って来なかった。このことからノアは洪水の水が引いていると判断して上陸したとされる。心細い航海生活の中で、「陸が近くにある」と確信したときの安堵感がよく伝わってくる。そこからハトが平和の象徴となったとされる。というよりも、実際にはハトの外見から来るイメージがあって、「ノアの方舟」にとり入れられたのであろう。

高山の鳥、ライチョウ

以上、身近な鳥を紹介した。以下には人目にはつきにくいが人との関係の深い野鳥を紹介する。

そのひとつはライチョウで、良い本がある（中村2006、2013）。私はミサゴ、シメ、サシバ、アイサなど、意味はよくわからないが短くてその鳥にふさわしい感じがする名前に魅力を感じ、ジュウシマツ（十姉妹）とかキュウカンチョウ（九官鳥）

ライチョウ

のような漢字の名前は味わいがないような気がする。

その意味でいえばライチョウは「雷鳥」であり、漢字の名前なのだが、高山にすんでいて、そこは雲の上だから、雷のように天に近いところにいるという意味であろう。詩的な響きさえ感じられるすばらしい名前だと思う。著者の中村浩志氏は、世界各地でライチョウを見た印象を次のように書いている。

「ライチョウは世界のどこでも狩猟鳥となっており、人を見るとすぐに逃げてしまう。ただひとつ日本のライチョウだけが人を警戒しないのは、里山は人の住む場所だが、奥山は自然の場所であり、そこにいるこの鳥に日本人が敬意を抱いてきたからではないか。氷河時代には低地にもいたのであろうが、高山植物がそうであるように、地球が暖かくなるにつれて高いところへ逃げるように登って行き、今では高山帯にしかいない。ところが最近、地球温暖化の影響で、シカやサルなどが高山にまで生息するようになり、ライチョウにも悪い影響を与えているのではないか」

その後、衝撃的な報道があった。北アルプスでサルがライチョウの雛を捕まえるところが観察されたのだ。地球温暖化が思いがけない形でライチョウに影響をおよぼしていると知って認識を新たにした。

知恵の鳥、フクロウ

フクロウはよく知られた鳥といえるだろう。もっとも姿を見たことのある人は多くない。だが、フクロウの人形やイラストなどは非常に多く、人気があるのはまちがいない。

これは日本だけでなく、世界中どこに行ってもフクロウの人形がある。それを見ると共通に、頭が胴体と同じくらい大きく、そこに大きな目が描いてある。ニワトリなども人形にされているが、それは大きな胴体に小さな頭があって嘴があるという、いわゆる鳥体型である。

しかし、フクロウの人形は大きな丸顔で嘴がないものもふつうにある。これは実際フクロウがそういう体型をしているからで、多くの鳥は小さな頭の左右に目がついており、正面から見ると目は少ししか見えないのに、フクロウは正面に2つの目がある。これはヒトの顔と同じである。イヌでもウマでも、細長い顔の左右に目があるが、人は平面な顔の正面に目がある。ヒトの場合は距離を正確にとらえるためで、そのためには立体視できるように、左右の目の視野が重なるように正面についているのである。

フクロウ

ただし、フクロウの目が顔の正面についているのは、立体視するためではないようだ。フクロウはネズミをよく食べるので、ネズミの声や音を聞いて位置を知る。そのために面的な顔面を集音器のようにし、上下にずれた左右の耳で「立体聴」してネズミを捕らえる。それゆえ、フクロウの顔はヒトの顔に似ており、そのため人はフクロウに親近感を覚える。

また、よく知られるように多くの鳥は鳥目であって夜は目が見えないのに、フクロウは夜も活動する。これは耳がよいからだが、そのことは「ただならぬ鳥」だと思わせる。「ゴロスケホッホ」という鳴き声も印象的だ。それに昼間に木の洞《うろ》や枝にとまっているようすは、一点をじっと見つめ、微動だにしないというものだ。そこから受ける威厳ある雰囲気から、「森の哲学者」とか「知恵の鳥」などと呼ばれる。

第6章

利用される「野生」動物

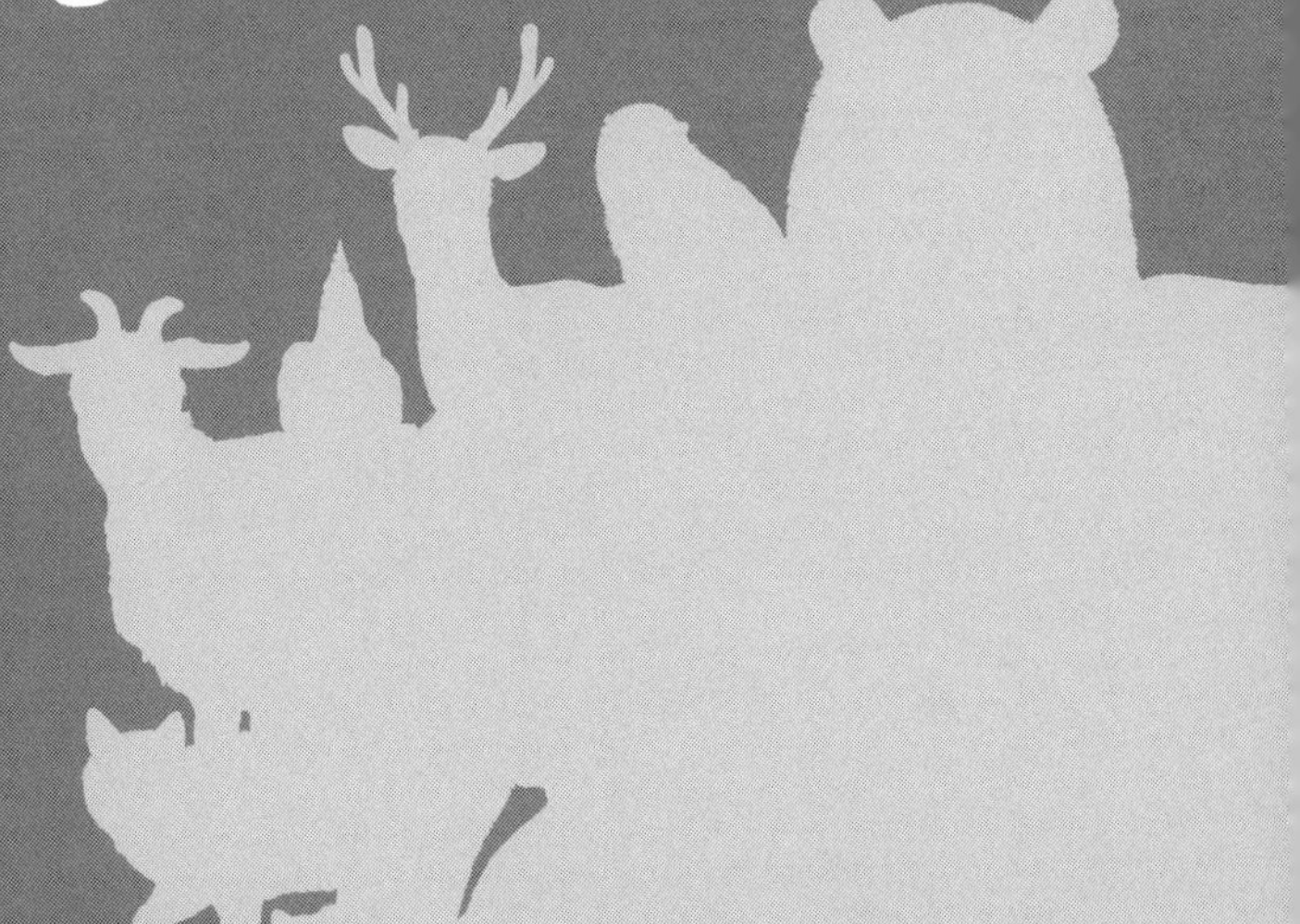

次は野生動物でありながらペットとして飼育されるもので、類型図ではCに当たる。

本当は飼育が難しいアライグマ

アライグマは日本の在来野生動物ではないが、野生動物であり、類型Cの好例である。アライグマはもとは北アメリカの野生動物であり、これがテレビ・アニメの「あらいぐまラスカル」で紹介されると、「僕もあの可愛らしいラスカルを飼いたい」という子どもが増えて、ペットショップで売られることになった。

確かにアライグマの子どもは可愛い。だが成獣になるとタヌキよりはよほど大きくなり、攻撃性が強く、飼育状態の個体に近づくと、キバをむき出して「ウワー」というような声をあげて威嚇する。攻撃性というより凶暴性といったほうがよいかもしれない。とてもイヌなどの比ではない。

こうなると、飼い主は手に負えなくなる。飼い主の心理を想像すれば、「殺すことはできない、かといって近所に捨てるわけにもいかない」というものであろう。その結果、起こりそうなのは、大都会であれば、車に乗せて少し遠くのところに、たとえば近くの高速道路のインターに乗ってしばらく走ってから次のインター付近で降りて放すというパターンだろう。地方

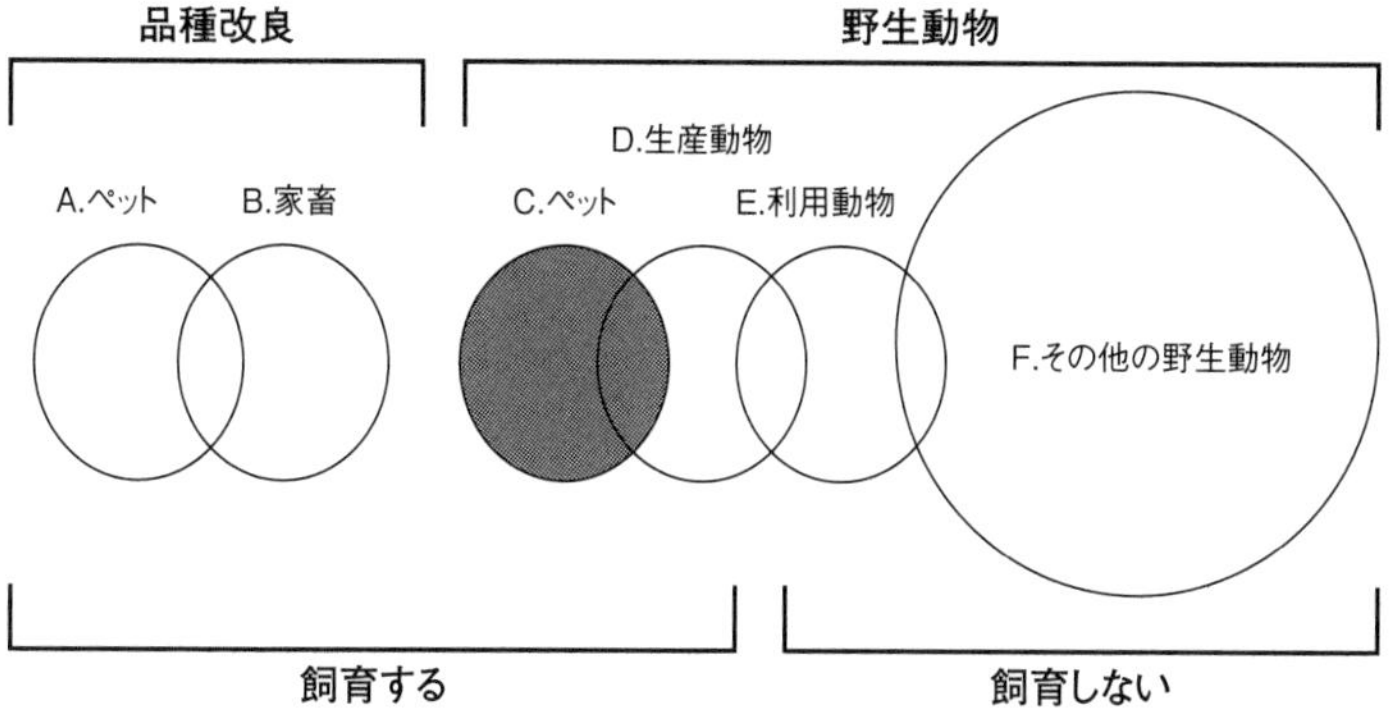

都市であれば、近くの山に行って放したりするのかもしれない。いずれにしてもアライグマは関東地方では現在相当な勢いで分布を拡大している。

アライグマは体が大きく、食性の幅がたいへん広く、運動能力も高い。果実や農作物を好んで食べるが、水生動物も好んで食べるといわれ、場所によっては魚、エビカニ類、サンショウウオ類などが激減したとされる。そうした水生生物群集が大きなダメージを受けるだけでなく、食性や生息地で共通性の大きいタヌキのいる場所にアライグマが入った場合、タヌキが追いやられる可能性がある。

これは動物の実態を知らないで飼い始めるために起きた不幸な事例である。アライグマにとって重要なことを確認しておきたい。まずアライグマはペットではなく、北アメリカの野生動物であるということである。野生動物は飼育が困難であることを認識すべきである。

野生動物であるということは人の手を借りなくても野外

で生きていけるということである。飼っていた動物を野外に放すことを「捨てる」というとき、そこにはおだやかな「家庭生活」から見捨てられて、哀れな生活をしなければならなくなるという人の価値観が投影されている。

ところが、アライグマの場合、幼獣のときから飼育されていたので、ペットと同じ育てられ方をしたことになるが、品種改良されてはいないから、人の手を離れても生きていける。だから「捨てられた」のではなく、窮屈な飼育環境からホームに「解放された」と見るべきである。

ややこしいのは、これがタヌキやムササビであれば、解放して一件落着だが、アライグマの不幸はそれが本当のホームではないということにある。アライグマからすれば、ようやく飼育の足枷《あしかせ》から解放されたのだが、そこで生きようとすると、

アライグマ

「外来種だから生きることは許されない」とされる。これでは踏んだりけったりである。アライグマからすれば、そんな扱いをするくらいなら、そもそも日本に連れて来るなと言いたいところであろう。そして仮に飼育するのであれば、最後まで責任を持って飼育をまっとうしてほしい、彼らに言葉が話せたら、そう言うに違いない（高槻２０１５ｃ）。

野鳥・魚・昆虫の飼育

現在では禁じられているが、日本では伝統的に野鳥の飼育がおこなわれてきた。ウグイスやメジロ、ヤマガラなどはよく知られ、ウグイスやメジロは鳴き声を競わせて楽しまれた。

コイやフナは水が淀《よど》んだ場所にすむので、池や水槽で飼育されるが、タナゴ、オイカワ、トゲウオなど、清水にすむ魚は酸素要求が高いので、空気を送る装置が普及するまでは飼育が難しかった。現在では水槽や濾過《ろか》、エアポンプなどが改良され普及したので、こういう魚を飼育する人がいる。

カブトムシとクワガタはペットショップで売られているのだから、まぎれもなく「ペット」であろう。古い世代は、カブトムシやクワガタは、雑木林に行って見つけることに胸をときめかせたので、ショップで買うこと自体に不満がある。生き物の接し方として確かに的を射た指摘ではあるが、自然から隔離された住宅事情などを考えれば、やむをえない面もある。雑木林に行くことはある程度の危険もともなう。カに刺される確率は高いし、藪ですり傷をつくり、運が悪ければハチに刺されることもあるだろう。その意味で、日常的にそういう場所で遊んでいない子どもが夏にだけ突然雑木林に行くのは考えものであるかもしれない。いずれにしても、ひと夏でも大型昆虫を飼育することで、生き物に興味を持つのであれば、入手方法にはさほどこだわらなくてもよいと思う。

ひとつ指摘しておきたいのは、昆虫を飼育するのは世界中どこでもされているわけではないということだ。どうやら日本人は昆虫好きらしく、ホタルや、スズムシなどの秋の鳴く虫を飼育する習慣があるが、こういう民族は珍しいらしい。日本の子どもの多くは『ファーブル昆虫記』を読んでおり、かなりの割合で愛読している。ところが本国のフランスではファーブルの名前を知っている人は少なく、昆虫に関心を示す人はほとんどいないらしい。

次は類型図のDであり、野生動物が飼育されてペット以外の目的で利用されるものである。

家畜化・養殖の試み

サンタのソリを引くトナカイ

野生動物には人類史で繰り返し家畜化に挑戦しながら、不成功に終わったものが多い。アカシカは代表的な狩猟獣だが、肉だけでなく、角が袋角の段階で薬効があるとされ、飼育が試みられている。オーストラリアでは大規模な飼育がおこなわれている。

トナカイはサンタクロースのソリを引くということになっており、あるいは「最もよく知られたシカ」かもしれない。トナカイは寒冷地にすむため、雪に沈まないよう、蹄の底が広くなっている。また、シカの中で唯一、メスに

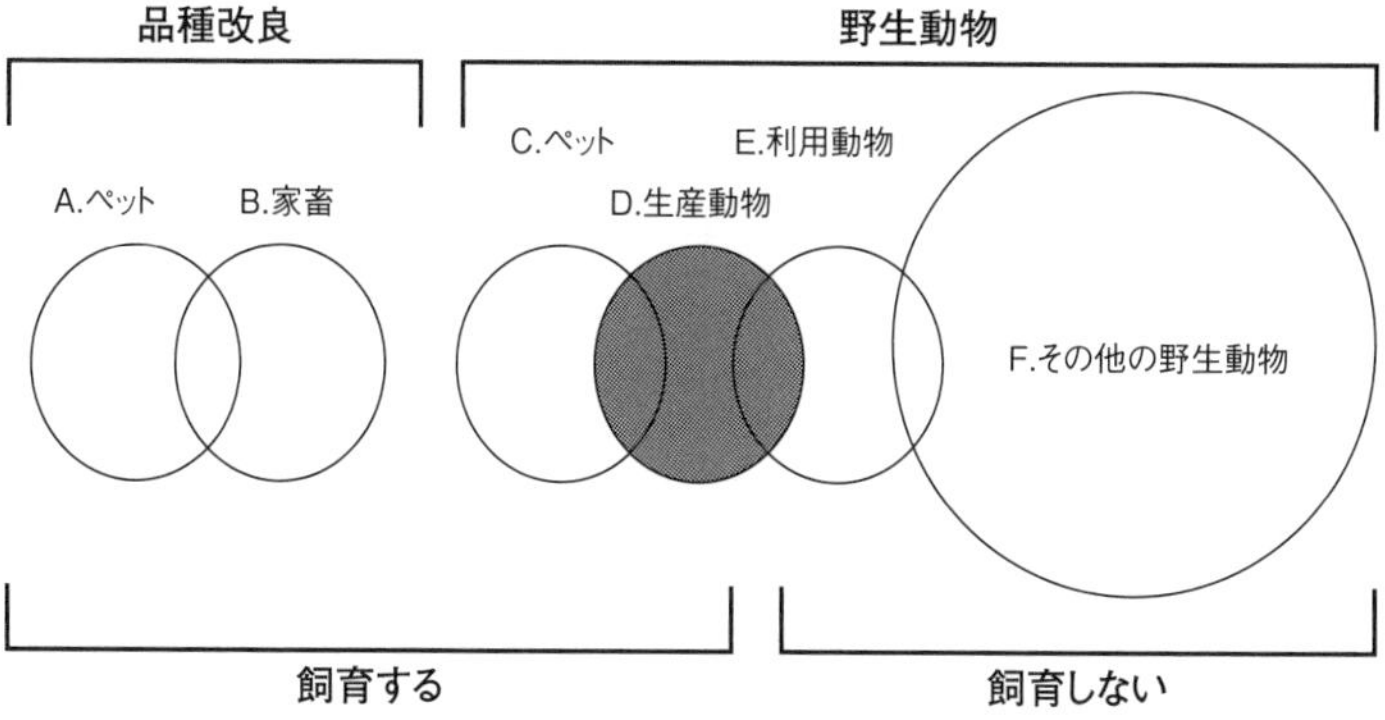

も角がある点が珍しい。また数万頭もの群れで、数百キロという大距離の移動をすることでもユニークである。

一部に家畜化されたものもいるが、その家畜化はほかの家畜ほど徹底しておらず、飼育したものが野生に逃げることもあるようだ。

生《いけ》簀《す》による養殖

野生動物の飼育は、動物を馴らすたいへんさがあり、動物が大きく、知能が高いほど難しい傾向がある。逆に、小さくて知能の低い動物ほど飼育しやすい。コイやウナギの飼育はその例であろう。これらは池などに閉じ込めれば飼育が可能である。

しかし同じ魚でも海の魚は、茫々とした海でいかに閉じ込めるかが問題となる。戦後の日本ではハマチなどで生簀による養殖が成功した。タイ、アジ、イワシ、フグなども養殖されているという。魚類ではないが「さかな」とされる、イカ、タコ、貝類（軟体動物）でも養殖がおこなわれている。前述した真珠もその例である。養殖は魚、それも新鮮な魚を食べるのが好きな日本人ならではのことであろう。

トナカイ

観光客を呼ぶ奈良のシカ

「鹿政談」に見る奈良のシカの扱い

「野生動物の利用」という視点に立てば、特殊ではあるが、奈良のシカも該当する。奈良のシカがほかの野生のニホンジカと遺伝学的・形態学的に違うことは何もない。野生のニホンジカが、ただ奈良公園にいるだけのことである。

しかし観光目的からいえば奈良公園にはなくてはならない存在であり、経済効果はかなり大きいといえる。関西地方の多くの人が行楽に奈良公園を訪れるのは、そこに神社仏閣があってシカがいるからだ。鹿せんべいを与え、いっしょに写真を撮るなどはごくふつうの光景である。

奈良公園のシカは、歴史的にも長く、江戸時代には手厚く保護された。ここのシカについては、落語に「鹿政談」がある。あらすじは、次のようなものである。

奈良の働き者の豆腐屋である与兵衛という男が早朝に店の前を見るとイヌがオケに入れたキラズ（おから）を食べている。与兵衛が薪《まき》を投げると、打ちどころが悪くてその「イヌ」が死んでしまう。

ところが、それはイヌではなくシカだった。当時、奈良のシカを殺せば死罪に処せられることになっていた。これが知られるところとなり、与兵衛はお裁きを受けることになった。その裁きを担当することになったのは、奉行の根岸肥前守《ねぎしひぜんのかみ》で、情け深い人だったので、なんとか助けようと思い、与兵衛に有利になるように発言を促した。

しかし、生真面目な与兵衛はありのままを話すので、裁判としては行き詰まり、そのシカの死体をあらためることになった。奉行はシカの守役にシカの遺骸を持ってくるように命じた。その死体を見た奉行は、角がないことに気づいて、強引に「シカには角があるはず、角のないのはイヌに相違ない」と理屈を言う。そして「イヌであれば裁きは不要だ」とする。

ところがいつの時代でも下っ端の、人の人生と規則のバランスを取り違えるバカ役人がいるもので、「シカは春に角を落とします」と動物学的には正しいことを言う。ところが、この守役は幕府から支給されるシカの餌代金を着服していた。そのことを知っていた奉行がこの点をつき、「お前たちが十分に餌を与えないから空腹のあまり豆腐屋のキラズを食べるようになったのだ、その者を裁くのが筋である」と責めた。

そのうえで「さあ、それでもこれがシカと言い張るか」と迫ると、「どうも歳のせいで、イヌをシカとまちがえたようでござります」と守役が詫びて一件落着。オチは、

「与兵衛、キラズ（斬らず）にやるぞ」
「マメ（豆）で帰ります」

この「奈良のシカを殺せば死罪」という規則は驚くべききびしさだ。あるいは生類憐みの令と関連するのかもしれない。いずれにしても仏教の盛んな時代に奈良のシカを重んじたということは政治性を強く感じる。

仏教にとってのシカ

平城京は大仏殿に象徴されるように、そもそも仏教を国教にし、人々に布教することを大きな政治目的としていた。大陸風の「青丹《あおに》よし」の巨大な建物を見た当時の人々は非現実なものを見た思いだったであろう。そこに国力を投じて作られた大仏を見たとき、人々はひれ伏すような威圧感を抱いたことであろう。「これはただごとではない」という素朴な思いが信仰につながるのは自然なことである。

春日山の森は残したが、平城京では森林が伐採され、「秋の七草」が咲く草原が現れた。それは林内が暗い照葉樹林とは違い、ススキやハギなど明るい場所に育つ草本、低木が豊富に生育した。そういう場所は、森林にいたシカにとっては格好の餌場になったはずである。若草山の火入れもススキ原であるから、シカの餌場となった。
奈良時代の為政者に、天竺あたりの王宮にシカが遊ぶ、あるいはシカが聖人の話を聞くなどのイメージがあったかもしれない。いずれにしても、奈良の都にシカがいることはよしとされた。

そうしたことが長く続き、時代が下って江戸時代になり、密猟なども発生する中で、尊重すべきとしたシカの事故に対して、規則が厳格になっていったことは容易に想像できる。900年もの長い間、奈良公園にシカがいて、人に狩られることもないどころか、大切にされれば、シカは人を恐れなくなる。同じ家系がずっと続いているから、林の中で警戒心を持って生きているシカとはまるで違い、ヤギやヒツジのようになってしまっていると見えるが、しかし生物学的には野生のシカと違うところはない。

アジアの寺院には人慣れしたサルがいたりするが、奈良のシカはそれと同様かもしれない。野生動物が人との平和的関係が続いた結果、警戒心をなくし、観光に利用されているという意味で、奈良のシカはユニークな存在といえるだろう。

次は、野生動物で人に利用されるものを紹介する。類型図のEに当たる。

枝角が特徴的なシカ

野生動物の利用として最も重要なのは狩猟獣として肉を食べることである。その例としてシカをとりあげてみたい。シカは代表的な狩猟獣であり、縄文遺跡でもよく出土する。現在でも猟期には多数が狩猟対象となるが、複雑な問題がある。レジャーが多様化するなどの理由でハンター数は激減し、しかも高齢化している。また生活が豊かになったために、シカの肉を食べるために寒い思いをして山を歩いてまで、シカを獲りたいという意欲も弱くなっている。シカ問題はヒトと野生動物のあり方がいかにあるべきかの課題となっている（高槻2015a）。

改めてシカの説明をすると、日本にはニホンジカという

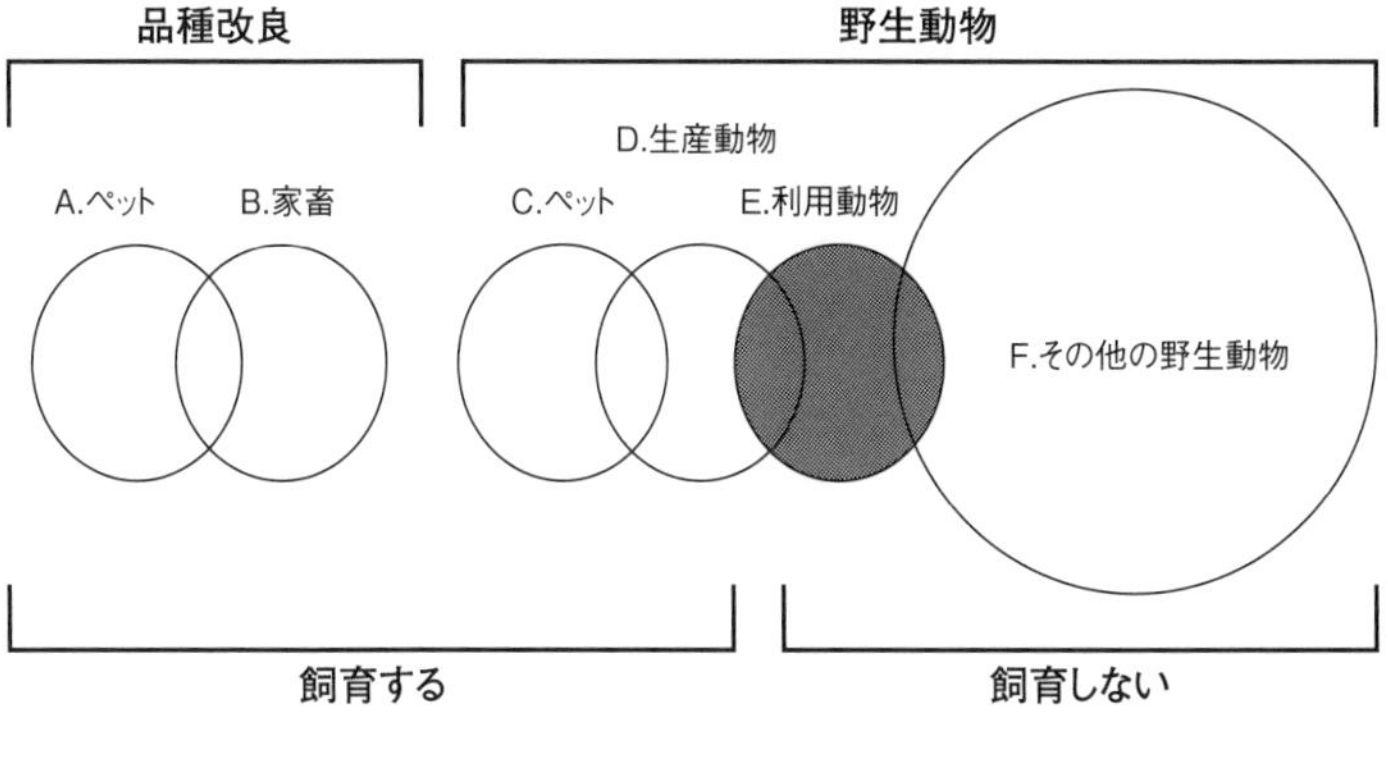

シカがいる。名前はニホンジカだが、中国大陸にも台湾にもおり、中国では梅花鹿《メイホワルー》と呼ばれるが、これは夏毛に白い斑紋（かのこ斑《まだら》）があるからである。

ニホンジカは遺伝的には2タイプあり、意外なことにその境界は近畿地方にある（高槻2006a）。遺伝的にはそうであるが、伝統的にはエゾシカ、ホンシュウジカ、キュウシュウジカ、ヤクシカなどに分けられてきた。実際、陸続きでない場所で長い時間隔離されてきたため、エゾシカは大きく、角もよく発達しており、典型的なものは外見的にホンシュウジカと区別ができる。エゾシカのオスは体重が100キロを超えるものも珍しくないが、ホンシュウジカでは大きくて80キロほどである。ヤクシカでは40キロほどしかなく、ニホンジカは地域変異の大きい種といえる。

オスに角があるということが印象的で、洋の東西を問わず、シカといえば角が連想される。シカの角に特徴的なのは枝角があることと、毎年生え替わることである。ウシやヒツジなどにも角があるが、これらの角は頭骨から突出した円錐状の突起に爪と同じような質の鞘がかぶさっており、内部の角が伸びるにつれ、鞘も内側から突き上げるように成長する。この鞘は中空であるので、「洞角《どうかく》」と呼ばれる。この角は一生落ちることはない。これに対してシカの角は毎年夏に伸び、その段階では血液が流れるブヨブヨしたもので、「袋角《ふくろづの》」と呼ばれる。この角はある年齢まで全体の長さが伸び、枝の数も増えてゆく。これは「枝角」と呼ばれ、英語で

シカ（ニホンジカのオス）

はアントラー（antler）という。ヒトによる利用ということでいえば、日本では床《とこ》の間に左右の角を並べ刀を置くのに利用した。また袋角を漢方薬として利用する。

シカと人間との関係をみると、シカはたいへん臆病であり、警戒心が強いため、農地に出てくる場合は夜であることが多く、直接姿を見る機会は多くない。そのためか、タヌキ、サルなどと比べても童話などへの登場は少ない。交尾期である秋にオスがメスを確保しようとして縄張りをはり、そのときに「ホイー」とも「ウオー」とも聞こえる長く続く声をあげる。その声を昔の貴族も聞いたらしく、「古今集」に「奥山に　紅葉踏みわけ鳴く鹿の声きく時ぞ　秋は悲しき」とある。また、花札のシカも紅葉とともに描かれている。しかし、その程度であり、あまり人々の興味を引いた動物とは言えないように思う。

現在、日本各地でシカの数が増えて農林業被害が出るだけでなく、森林植生が強い影響を受けている（前迫・高槻2016）。このため「個体数管理」がおこなわれているが、ハンターの機動力が間に合わなくなっている。一部でシカ肉利用の動きもあるが、多くのシカ死体は山に放置されている。シカ猟と肉利用については7章で再びとりあげる。

捕鯨とイルカショー

捕鯨を続けるか？

野生哺乳類の肉利用といわれても、すぐには連想されないものに捕鯨がある。クジラ、イルカはまちがいなく野生の哺乳類であり、食肉目的で捕獲（捕鯨）される。

日本での捕鯨の歴史を考えると、江戸時代の捕鯨は徳川幕府が諸藩に大きい船を持たせなかったこともあり、沿岸でおこなわれ、頭数制限もきびしかった。ペリー来航は欧米の遠洋捕鯨の流れのうえにあり、当時欧米では多くの海でクジラを捕りすぎていた。日本にも近代捕鯨が導入され、とくに戦後は南極海にまで出かけて高い捕鯨率を誇った。

ところが１９７０年代くらいから欧米を中心に捕鯨反対論が生まれ、シーシェパードのような過激な行動をとる団体も現れた。日本はさまざまな理由をあげて調査捕鯨の正当性を主張しているが、大枠で多勢に無勢のようである。

クジラの種類にもよるが、絶滅に瀕したものがいるのは確かである。一方、捕獲頭数制限さえすれば大丈夫そうなクジラがいるのも確からしい。

だが、日本が主張する、持続的利用のために調査捕鯨は必要であるとか、クジラの頭数を抑制しなければ、クジラが魚を食べ過ぎて漁獲高が減るといった主張は、強い説得力につながっているとは思えない。

国際的な立場を考えたとき、日本は敗戦国でありながら経済復興をなしとげた技術立国であるという定評がある。一方で、働き蜂で劣悪な労働条件でも家族よりも会社を重んじ、金儲けが第一と考える品のない国民だという見方があることも否定できない。

そうした中で、調査捕鯨といって捕鯨を続けることに、当然冷ややかな視線を注ぐ空気はある。もし日本が経済的にもビハインドな開発途上国であれば、あるいは大目に見られることもあるかもしれない。だが、世界の目は日本が「豊か」であり、飽食をしていること、絶滅危惧種のクロマグロなどを遠くまで出かけて捕ってはグルメ的に食べていること、ワインをとんでもない高額で買い取っていることなどを知っている。

私は、シーシェパードはまちがっていると考えるが、しかし代替の動物タンパク質はいくらでもあるのに、さほど人気もない鯨肉のために、世界の反対を押し切ってまで強行することは、日本のイメージにとってマイナスだと思う。戦後の貧困な時代は遠い過去のことになった。理屈にならない理屈をゴリ押しして捕鯨を続けるかどうか、50年先を見越せば、そろそろ方針の変換をすべきであろう。

イルカショーの不思議

「食べる」を考えているが、クジラが出てきたので、イルカもとりあげ、イルカショーのことを考えてみたい。クジラとイルカは別の動物ではなく、小型のクジラをイルカと呼ぶ。もちろん哺乳類である。

アザラシやオットセイも哺乳類であり、これらを飼育する水族館や類似の施設でショーをするものがある。猿回しのサルが飴と鞭で調教されていやいや行動させられているのは明白だが、イルカのジャンプなどは判断がつかない。あるいはイルカ自身が飛び上がることが楽しいのかもしれない。だが、いずれにしても「やらされて」いるのは確かである。

イルカショーは欧米にもあるようだが、私にはこの理屈がよくわからない。日本にはイルカを魚のようにみなして追い込んで捕る漁がある。これは「食べ物として利用される野生動物」

に該当する。つまり、シカなどと同じである。これについて欧米の保護団体が知能の高いイルカをシカのような狩猟獣と同じように殺すとはけしからんとして、猛烈な反対をしているのは周知のことである。

知能が高いから捕獲してはいけないという欧米の保護派は、イルカを閉じ込めて飼育し、人々を喜ばせるために調教してジャンプさせることにはなぜ反対しないのだろう。自分たちの信じるところを主張するのであれば、論理的であってほしい。ウシは家畜であるから、食肉確保のために殺処分するのはよいとするのはいいだろう。数の多い野生動物を狩猟することもよいのであれば、シカとイルカの違いは知能というのであろうか。その線引きは限りなく曖昧であり、論理的ではない。

私は日本でのイルカの捕獲を取材したドキュメントを見たが、欧米の保護派が漁民に現金を渡して「説得」をしているのを見た。そこにあるのは、アジアの蒙昧な民は何もわかっていない、こういう奴らには金を渡せばやめるに違いないという、きわめて傲慢な差別意識であった。

動物をめぐる価値観を生み出す要素には、歴史もあれば宗教もあり、一筋縄ではいかない。イルカは知能が高いから殺してはいけないというのは、ではシカはバカだから殺してもよいということであり、私は同意できない。これを差別と言わずしてなんといおうか。

狩猟される鳥・漁獲される魚

食料としてのキジ・ヤマドリ

キジやヤマドリはニワトリに匹敵する大きさがあり、十分な肉がとれるし、味も良いので、猟の獲物としては獲りがいがあるといえる。キジは里山にもおり、オスが「ケーン」と鳴く。

私は若い頃、仙台に暮らしたが、近くに緑地があってキジがいた。キジが鳴いたときに、地震があるのではないかと気をつけていたが、かなりの頻度で当たった。地面にいるから、小さな揺れを感じやすいのではないだろうか。キジはオスがメタリックな緑色の首に顔は皮膚が裸出し（肉腫という）、非常にカラフルなのが印象的である。

「桃太郎」には家来として登場するが、こういう場合に登場するのはたいていは哺乳類だから、鳥としては異色といってよいだろう。

キジに比べればヤマドリのほうが奥山にいる傾向があり、こちらも非常に美しい。キジ同様、飛ぶのは得意ではないが、危険を感じると直線的に飛ぶ。そのとき、オスの長い尾が印象的であり、和歌では「長い」にかかる枕詞となっている。なお最近、ヤマドリのメスは捕獲禁止となった。

釣られる魚

野生動物を捕って食べるという意味では最も手軽なのが釣りであろう。日本は島国であり、磯や浜があり、また雨の多い国だから川はいたるところにあり、釣りに適している。釣りは哺乳類や鳥類の狩猟とは違い、道具も簡単であり、実益のある娯楽である。

それを生業とするのが漁業である。日本人にとっての動物タンパク質はまず魚であり、伝統的に漁業は重要な産業であった。沿岸漁業も遠洋漁業も盛んであり、すでに触れたように養殖も活発におこなわれている。漁業については他書に譲るが、最近、サケやサンマなどの漁獲量が激減しているといわれ、今後のことが気になるところである。

コラム

薬用と毛皮という利用法

鹿茸《ろくじょう》やクマの胆《い》には薬効がある？

アカシカという大型のシカは家畜化はされてはいないが、オーストラリアで大規模に飼育されている。

主目的は肉生産であるが、「鹿茸」も採られている。シカの角は毎年生え替わる。春に落ちた部分からブヨブヨの柔らかい角が伸びてくる。3、4カ月で50センチかあるいはそれ以上にも伸びる「袋角」と呼ばれる角が漢方薬の材料となり、角を乾燥させたものは「鹿茸」と呼ばれる。確かに伸びてゆく袋角はキノコを連想させるものがあり、男性器の勃起と重なるイメージがあって、強壮剤とされていると思われる。この袋角の段階で角を切られるとオスジカには大きいダメージがある。

伸びきった角は血液が止まり、骨と同じ成分になる。シカの角にはウシの角と違って枝があるが、それも木の枝のように見えて、これも植物を連想させる。鹿茸は実際にも薬効があるかもしれないが、漢方薬にはイメージからくるものも多く、トラの爪やサイの角などに薬効があるとは思えず、猛獣であるから強壮効果があるはずだというイメージから来るものであろう。硬くなった段階のシカの角を切り取るのはシカの少なくとも健康には直接のマイナスはない。

しかしオスジカは角を使って縄張り争いをするから、角がないことは社会行動にとって大きなマイナスとなる。交尾期のオスの行動に決定的な打撃を与える。狩猟する、つまり殺すことが許されているのだから、生かしたまま利用するのは、それよりはシカのためになるという見解はありうるが、問題はそう単純ではあるまい。この問題は安楽死ともつながる難しい問題であり、鹿茸の利用は、人による野生動物の利用における複雑な問題を内包しているといえる。

野生動物の利用という点で思い出されるのはクマの胆のことである。クマの胆嚢《たんのう》は苦くて薬効があるとされ、日本ではツキノワグマが狩猟されて胆嚢を取り出して高値で取引されるという。中国や東南アジアではクマを檻に入れて、手術をして胆嚢から分泌する胆汁をパイプで取り出すことがおこなわれている。家畜でもない動物に手術をして檻に閉じ込めるというのは、まことに残酷ですべきことでないことはあきらかだ。最近これが禁じられたということであるが、ブラックマーケットの消滅は難しく、それがなされない限り、却って地下に潜ることが危惧される。

衣服への毛皮の使用

「食」や「薬」の次に重要なのは毛皮であろう。もっとも現在の日本では毛皮はあまり利用されていない。しばらく前まではウサギやキツネのマフラーは一般的に用いられていた。テレビ映像でモスクワのようすを見ると、今でもコートの襟は動物の毛皮が使われているようだ。

ノウサギの毛皮も重宝され、戦時には兵隊の防寒衣として重要であったという。記録によれば、日中戦争の時代に軍用に大量（73・5万頭の捕獲数のうち56・4万頭）のウサギの毛皮が買い上げられたという（山田2017）。今でも小学校でウサギの飼育が続いているが、これは当時ノウサギを獲りすぎたために、ウサギを飼うことが奨励されたことの影響の名残だと聞いたことがある。

第7章 動物観の変遷

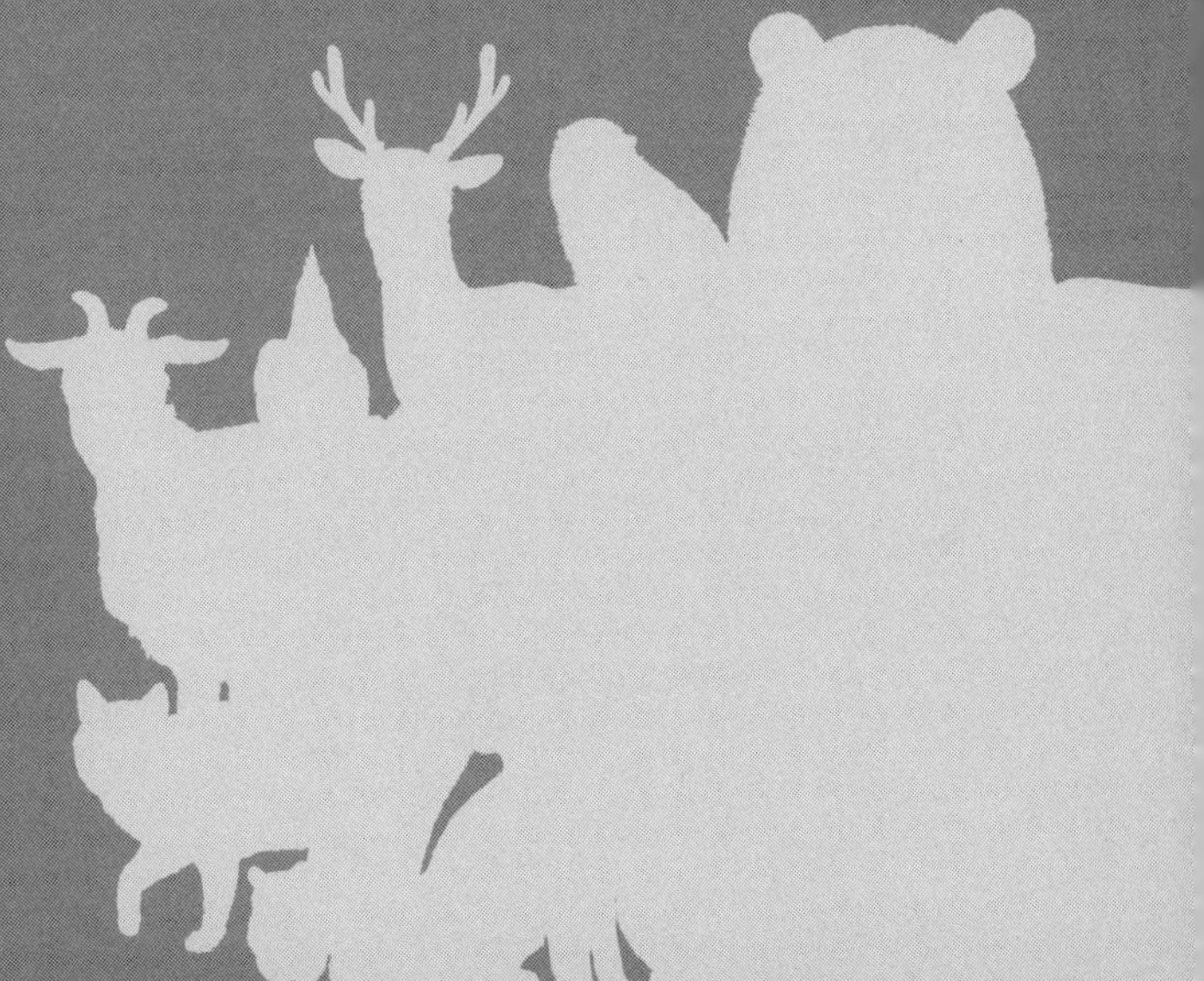

ここまでさまざまな動物をとりあげて、人間との関係と、人間が動物にどういうイメージを持つかなどについて考えてきた。ここではそのことを振り返りながら、人の動物観について考えてみたい。

急激な人口の変化

いくつかの資料によると、縄文時代の日本列島の人口は変動はあるものの、20万人前後であったようだ。弥生時代に60万人ほどになり、その後は漸増しながら鎌倉時代には500万人前後、江戸時代に増加して3000万人レベルになって明治時代を迎え、その後、急増して太平洋戦争の頃に8000万人、戦後1億人を超えて、現在は1億2700万人程度である。

私はこのことを知って正直驚いた。明治維新の頃に3000万人というのは知っていたが、こういう時間軸で見たとき、明治以降の人口増加がきわめて急激であったことと、戦国時代以前の少なさに驚いたわけである。

これほどの変化があれば、人の生活はさまざまな面で影響を受けずにはいられないはずだ。縄文時代までの生活の基本は狩猟採集であり、やや強引ではあるが、野生動物の生き方とさほど違わない。

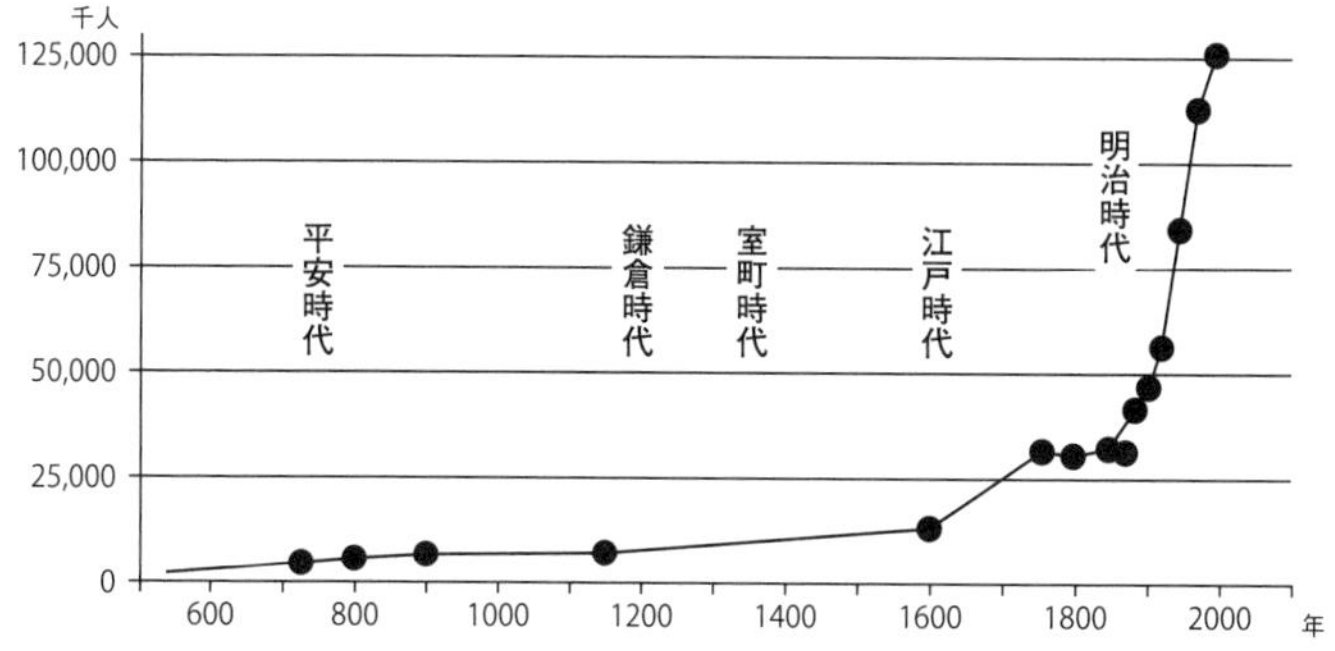

『人口から読む日本の歴史』（鬼頭2000）より作図

その後の農業時代は簡潔にいえば「自給自足」であろう。農民にとって食べ物は作るもので、買うということは基本的にはなかった。江戸時代にはそれ以前からあった流通経済が活発化して、「町人」が増えるが、この文脈では少数派としておく。

近代化で人口増加が起きると都市生活者が増える。人口推移のグラフを見ると「農業時代」と「都市生活時代」の境界は明治維新にあるように見えるし、実際これが日本史における大きな節目であるとされる。

しかし、戦後生まれの私自身の体験を振り返ると、1960年あたりが大きな節目ではないかという実感がある。というのは1960年くらいまでは身の回りにも農業をしている人がはるかに多かったし、その頃に農家の生活が大きく変化したと思うからだ。農山村では人口が減少し始め、機械化が進み、自動車が普及し、家畜がいなくなり、化学肥料や農薬が使われるようになり、薪炭を使わなくなって灯油やガスを使うようになるといった「生活革命」と呼んでよいような変化が起きた。その意味で、今から半世紀前をその境界とすることも考えてよいのではないかと思う。

いずれにしても、この半世紀で日本人の大半が都市生活者になった。これは人口変化には反映されない、質的な変化である。場所として都市に生活していなくても、消費型の生活という意味で、生活パターンは都市生活者と基本的に違いがなくなった。

さて、これだけ大きな変化が生じれば、人が自然や動物に対して抱く感覚にも影響を与えないわけがなかったはずである。以下では、そのことを考えてみたい。

狩猟採集・農業・都市生活における生活の変遷

道具の使用

人類学があきらかにしてきたことは、ヒトというサルの1種は知能が高く、ほかのサルと比べても道具使用やコミュニケーション能力にすぐれているということだ。

ただし、できるだけ良い物を食べ、健康でいようとすることや、すぐれた伴侶を得て、遺伝子を残そうとすることはほかの動物と同じである。自然界で良い食べ物を安定的に確保するのは容易なことではない。そのため、ほかの動物と同様、つねにお腹をすかせていた。果実を採り、日常的には昆虫や小動物、魚などを捕まえ、ときに大型獣にも挑戦したであろうし、死体を見つけて食べたりもしたであろう。

知能が高く、コミュニケーション能力に長けているということは、こうした食物確保のために有効である。動物を獲るための組織プレーをしたり、道具を改良したりすることなどは、他の追随を許さなかった。とくに狩猟ではほかの動物にはまねのできない工夫があった。

刀はキバや爪の延長線上にあるかもしれないが、弓矢はヒトにしか考えられない「飛び道具」である。大型獣の狩猟は大きな危険がともなったし、成功率もさほど高くないから、できればもっと安全で確実な方法が考えられたはずだ。

そのひとつが陥《おと》し穴で、落ちた動物を殺すのは通常の狩猟よりはるかに安全で確実である。陥し穴には丸い穴数基を丘陵地に作るものと、平坦地に細長い穴を列状に作るものがあったという（佐藤2013）。

また罠も工夫された。遺跡には残りにくいが、大きな罠を作るには、設計も材料の確保や組み立ての技術も必要なはずである。ガゼルやトナカイのような草原にいる動物の場合、長大な塚（土塁）をV字状に築き、広いほうに群れを追い込んで、狭いほうに追い詰め、そこで殺すという方法が開発された。その遺跡は今でも残っているが、こうなると土木工事である。北日本の縄文遺跡からは直径30センチほどの穴の列が見つかるという（松井2010）。これは動物をおびき寄せて追い込むための柵列だと考えられている。

考古学の資料は、縄文人が使っていた釣り針や鏃《やじり》など驚くべき道具をつぎつぎと発見している（渡辺1973）。日本では水産資源への依存度が高く、釣り、銛《もり》、ヤスなどのほか、簗《やな》、筌《うけ》などの川魚を獲るための道具やしかけも出土している（石橋2007、佐藤2013）。

縄文時代の漁業といえばサケ・マスを考えがちで、実際それは重要な資源だったが、北日本ではアザラシなどの海獣を獲っていたし、三陸海岸ではマグロやカツオなど外洋魚も獲っていたというから驚く（鈴木1996）。同時に果実（多肉果であるベリーや堅果であるナッツ）を保存する容器やカゴなども作って保存をした。

また、証拠は残らないが、いつどこに行けば良い動物や植物が確保できるかといった情報伝達も発達させたに違いない。私は宮城県の金華山という島でサルを観察していたが、あるとき尾根の岩の上で毛づくろいをしてのんびり過ごしているかに見えた群れが、突然あるおとなのサルが歩き出したのを追って移動を始めた。どうしたのかと思ってついて行くと、オオウラジロノキという小さなリンゴのような果実をつける木のところに行って木に登って実を食べ始めた。もとの場所からは200メートルほど離れていて、まったく見えない場所だから、そのおとなのサルはあらかじめ知っていたに違いない。こういう行動はシカでは見たことがない。

ニホンザルにしてそうなのだから、われわれの先祖ははるかに緻密な情報を記憶し、相当のレベルで伝達していたと想像される。ことに危険をともなう大型獣の狩猟については、それなしに成功は期待できない。

調理と栽培・飼育というステップアップ

自然の中でお腹をすかしながら食べ物を探した人々は動植物を鋭く観察していたはずである。そして挑戦的に試食したことであろう。そうした中でおいしい食べ物、まずい食べ物、有毒な動植物、捕まえる工夫、注意事項などを伝達したであろう。それによりメニューは拡大していったはずである。

同時に次のふたつの重要なことが起きたはずだ。ひとつは調理の改良である。加熱や解毒、水晒《さら》しなどによって、そのままでは食べられない動植物が食べられるようになった。私はシカの研究をしているので、シカが食べない植物をあげることができるが、ワラビ、ハンゴンソウなどは食べない。

だが、これらは茹《ゆ》でたり、和《あ》えたりすれば食べることができる。人はこうして利用できる食物を拡大してきたのだ。加熱することは動物の肉からの寄生虫感染や感染症抑止にも機能したであろう。ドングリの「渋」は摂りすぎると有害であることがわかっているが、水晒しをすれば除くことができる。縄文人がそうした処理をしていた証拠は考古学が示してきた。

もうひとつは栽培と飼育である。野山に出かけていって果実を採ってきて食べるうちに、何度も行くよりも、その木や草が住処の近くにあれば楽だと考えた人が当然いただろう。たくさんの試みがおこなわれ、移植に不向きなものは諦め、大丈夫なものを定着させていったであろう。

動物も同様で、狩猟はたいへんな労力と危険をともなうので、なんとか飼育できないかと考えたはずだ。多くの野生動物はおとなになってからは警戒心が強くなるから、幼獣や雛を捕獲して飼いならしたであろう。それでもうまくいかないものが多く断念されたであろうが、ブタ、ウシ、ウマ、ヒツジ、イヌ、ネコ、ニワトリなどは飼育化に成功した。

飼育の主目的は食べるためだが、ネコはネズミを捕らせるためであるとされる。イヌは番犬かペットを目的としたのかもしれないが、イヌの肉を食べる文化は各地にあるから、食べることが目的でなかったとも言い切れない。愛知県の朝日遺跡（弥生時代）から出土したイヌには、解体した痕があり、食用とされていたようだ（外池《とのいけ》2015）。

この飼育化は必然的に品種改良をもたらした。そして人にとってより役に立つ形、大きさ、性質が選抜された。飼育の目的も、ペットとして可愛がるためとか、使役のためなど多様化していった。そして中には原種が絶滅し、人の世話がなければ生きていけない動物も生じた。ここにおいて、それまでの狩猟採集時代にない人と動物の関係が発生した。

衣・住と死について

着るものが狩猟採集時代や農業時代と基本的に違うわけではない。それでも、農業時代までは「作る」要素が大きかったが、都市生活で「買う」ようになったことは大きな違いである。住居は農業時代も大工が作ったであろうから、衣類の時代境界が農業と都市生活にあるとすれば、住居のそれは狩猟採集と農業の間にあるかもしれない。

あまり語られないことだが、動物であるヒトにとって食べることと同様に重要なことは排泄することである。狩猟採集の頃は、ある程度一定の場所に穴を開けたり、川の近くであれば「かわや」で排泄したりしたであろう。これは農業時代にも続くが、農業では人糞や家畜の糞を肥料として利用する変化が生じたから、糞は「必要なもの」となり、トイレは肥料の蓄積場という機能を持つようになった。しかし、都市生活ではトイレは不要・不快な物の蓄積場で、糞便は汲み取られるべきものとなった。これも30〜40年前から水洗が普及し、今では糞便は一瞬に流れて消えるものとなった。

ところで、人は必ず死ぬ。私も親族を見送った。親族の死は悲しいもので、人生の意味を考えさせられる。一方で私は研究の経験からシカの死体をたくさん見てきた。人の死とシカの死に違いはないが、私の受けた感覚はまったく違うものだった。

ここでは動物としての死を考える。平安時代の「往生要集」には次のような記述があるという。


生命の果てたるのちは、人は墓場に棄て去られる。一日か二日、あるいは七日も経てばその身は腫れあがり、色は変じて青くまたどす黒くなる。臭気は満ち、肉は糜爛《びらん》し、皮はぬるぬると剥け、血膿はどろっと流れ出す。さまざまの猛獣、猛禽の類が群れ集い、死体はかみ裂かれ食い荒らされる。食い終わると……幾千幾万としれぬ蛆がその臭気を慕って群がり出る。

（現代語訳、一部略、松井2010）


世の中にはいろいろな研究をする人がいるもので、死体が腐っていく変化を丁寧に調べている人がいる（ゴフ2014）。応用的には殺人事件があったとき、その死体が死後何日たったかを正確に特定できるなどの意味がある。その記述を見ると次のようであるという。ただし死体は人ではなくブタであるが。

まず新鮮期の死体には死後、ただちにハエが寄ってきて卵を産み、半日で孵化し、死体の組織を食べ始める。それから死体は腹が膨らみ始め、膨満期に移る。この時期になると別の種類も産卵するようになる。細菌による腐敗とウジが唾液酵素を組織に注入するため、組織は半液体状態になる。ウジは塊になって組織的な動きをするので、皮膚の下を動くのがわかる。この段階になると、アリ、エンマムシ、シデムシなどの甲虫も寄ってくる。死体の開口部や傷口からは体液が浸み出すようになる。そして腐乱期になると、ウジが食べるようになり、細菌の活動によって死体の皮膚が破れ、死体からガスが抜けるようになる。死体には腐敗分解した体液が多く、強い悪臭がする。

このことをゴフは「この段階の処理は決して楽しい体験ではない」と記し、続けて「この段階と大学院生の欠席者数には強い相関がある」と、説得力のある記述をしている。この段階の最後にはウジよりも甲虫が主要となる。ウジつまりハエの幼虫は蛹《さなぎ》になるために、死体から離れる。この段階になると死体は骨と皮と毛になる。

この変化はハワイの乾燥地でおこなわれた観察に基づいており、湿潤な日本とは少し違う。だが、シカの死体をよく見て、たくさん回収した私には、ゴフの記述を読むとそのときの体験が思い出されて、気持ちが悪くなった。

こういう「死体の実態」を知る者からすれば「往生要集」の描写の正確さに驚く。動物が死ねば、たいへんにおぞましいことが起きるのである。それを見るのはあまりに辛いから、土に穴を掘って埋めるというのは自然なことであろう。当時の人は人以外の動物の死も日常的に見ていたはずだから、死がいかなるものであるかを実感していたはずである。

農業時代になるとさまざまな形での弔《とむら》いが発達し、その専門家も生まれ、死体に蛆虫がわくこと、あるいはそれを見ることは回避されるようになった。その意味では生物学的分解過程を目の当たりにする状況が回避されるようになったといえる。宗教的弔いは、死は必ずしもおぞましいものではないとすることと、魂が安らかであるよう祈ることで遺族の心を慰めた。

このことは都市生活時代にも引き継がれたが、死を儀礼化すること、死体に起きることの生々しさを回避することはより徹底された。農業時代は基本的に土葬であった。埋葬の程度によって動物が死体を暴いたとか、埋葬が続いたために、墓を掘ったら前の遺体が出てきたといったことがあった。

しかし火葬されるようになってからは、そのおぞましさは消えた。私は二十歳近くまで親族の死を経験しなかったが、初めて火葬場に行って骨を見せられたとき、あまりに変わって乾いた陶器のようになったのを見て、自分でも意外なほど悲しみを感じなかった。葬式のときに嗚《お》咽《えつ》が抑えられなかったことを考えると不思議なほどだった。そのとき、火葬というのは死の悲しみを消すための演出なのかもしれないと思った。

都市生活はヒトをどう変えたか？

そして、われわれは都市生活を送っている。もちろん農林漁業に携わる人も多いが、今の日本の農山村での生活はかつてのそれとは違い、大いに都市的なそれに変容している。ここではそのことを考えたい。

都市生活の特徴はなんであろうか。まず人口密度が高いことである。その必然的結果として、土地面積あたり、本来ありえないほどの物資が集まり、水やエネルギーとともに消費され、ゴミが出される。このような都市生活者は人の生活にどういう影響を与えたであろうか。

シカ猟の体験

都市生活の「食」について考えてみたい。そのために、私自身がシカ猟に同行したときの体験を紹介する。

シカは重要な狩猟獣であり、石器時代や縄文時代の遺跡からはイノシシとともに高い頻度でシカの骨が出る。シカやイノシシは人と同じかそれ以上の体重があるから、一度捕獲すれば、小さな家族であればしばらくは良質な肉を食べ続けることができる。その食べ残しの骨が出土するわけである。

私がハンターとシカ猟を体験したのは、岩手県南部にある五葉山である（高槻1992）。ハンターは20人から30人でチームを作り、事前に打ち合わせをして人を尾根に配置する。これを「タチ」という。その後、「セコ」と呼ばれる人たちがタチのほうにシカを追い出す。シカは通常、数頭の単位でいるが、危険を感じるとそうした小単位が合流して大きめの群れになる。シカの走力はすばらしく、とくに上り斜面では信じられないような速さをみせる。

地形や樹木の配置にもよるのであろうが、別のシカでもほぼ同じルートをとって逃げるため、経験豊富なタチはシカを仕留める確率が高い。彼らはシカがどう走り、どう立ち止まるかも知り尽くしており、銃を撃つポイントもほぼ決めている。

私が頻繁に調査をしていた1980年代にシカが増えて、よく獲れるようになり、しかも被害が深刻になったことにともない、個体数管理がおこなわれるようになってメスジカも撃てるようになった。このため1日出猟すれば、数頭は獲れるようになった。

しかし、初めて訪問した1972年頃にはむしろ獲れないことのほうが多かった。私が訪問したときは、ようやく1頭のオスが獲れたのだが、ハンターは興奮気味で、ジープの前にそのシカをしばりつけて町内を「凱旋《がいせん》」した。人々が集まって「はあ、獲れたんだな」と珍しいものを見てやはり興奮していた。そのあと、ハンターは肉を平等に分け、その後はハンターのお宅でご馳走になったが、興奮の余韻が続き、酒が進んだ。

「食べること」の範囲

私はこのとき、動物の肉を食べるということの意味を初めて考えた。私が育った時代は大型スーパーはなかった。主婦は小売店で食材を買うのが主流だったが、魚や野菜はリヤカーの行商を利用することも多かった。魚は切り身ということはなく、母がさばいていた。

だから、私は魚という動物の体の一部を食べているという感覚を持つ環境で育った。鳥取県であったから、松葉ガニ（ズワイガニ）を食べることもあったし、サザエのつぼ焼きを食べることもあった。こういう場合は文字通り動物の全身を食べているのだと実感した。しかし、豚肉や牛肉や鶏肉は切り身であり、「肉」は買う段階ですでに食材であり、それが動物の体であるとは感じていなかった。ニクという食べ物であり、その意味ではイモとか、カマボコなどと同列であったといえる。

その点、五葉山で体験したシカ肉は、その日の朝、山を疾走していたシカであり、私はそれが走って逃げるところを見た。殺される瞬間は見なかったが、山から降ろされた死体を目にし、それが山で解体され、部分ごとに分けられるのを見た。そしてそれを食べた。その体験は、私に食べるという行為の範囲を考えさせた。

本来の「食べること」は食材をとったり拾ったりすることから、調理し、食事をし、片付けることまでの一連の流れであった。農業時代は狩猟が飼育に、採集が栽培になったが、食材を買うことはなかった。都市生活になり、食材の確保がお金と交換できるという変化が起き、それが進む中で「食べること」は買って以降の過程を指すことになり、さらには調理さえ省かれることもある。

食べることを、テーブルの上に乗った皿に盛り付けられたものを口に入れることに限定すれば、それは本来的な人間の食事における最後の一段階にすぎない。外食やインスタント食品を食べることはこれと同質である。

都市生活者の「食べること」は購入までで止まり、その前の食物を作ることや、捕まえることまでは広がらない。

「食べること」の分断

岩手の五葉山でシカ猟のあとに肉を食べたときに私がはっきり認識したのは、都市住民である私は、生産者とは違う感覚で食物を食べているということだった。都市住民は食物を捕獲しないだけでなく、生み出すこともしない。するのは消費だけである。そこに消費させる存在が登場する。

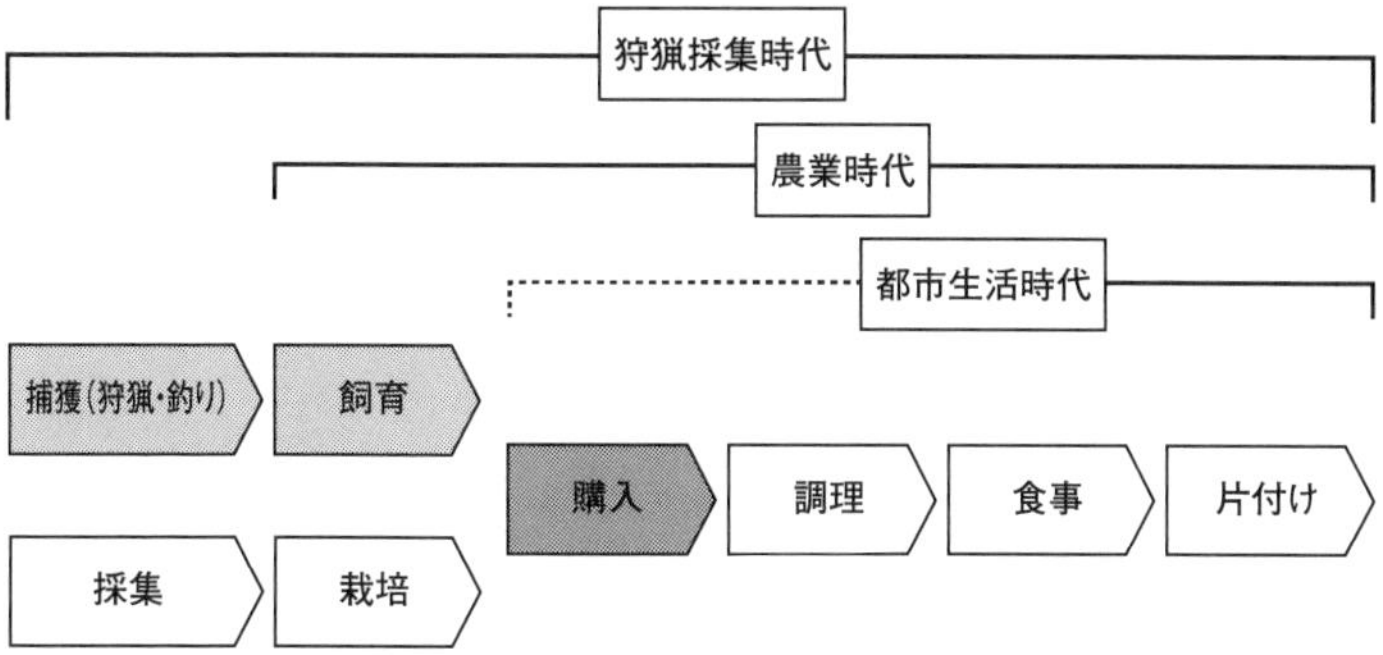

3つの時代における「食べること」の範囲

肉は当然死体を連想させるから、嫌悪感を引き起こす（ハーツォグ２０１１）。これは食肉産業にとって大問題である。血のしたたるような肉は「グロい」から、とくに女性は買い控える傾向がある。

そこで業者が開発したのは、小さく、調理しやすく、ソースをかけるなどして肉の色を隠すことであった。１９６０年代のアメリカのスーパーではニワトリは全身が売られていて、調理するには内臓を取り出したが、今は鳥の形をしているのは10％以下で、ほとんど動物の体とは感じられない形にし、耳当《みみあた》りのよい名前をつけて売られているという。日本でもまったく同様である。このように、都市生活者にとって、大型スーパーの「売り」の工夫は非常に大きな影響力がある。

「食べること」の諸段階を眺めると、食材を買うということは、そのすべての過程を省略し、いや、正確にいえば他人に丸投げして、そのおこないをお金で置き換えるということである。そうすることは、本来、人としてのわれわれが持つべき「食べること」を実感のないものとする。そして、それは大型スーパーの出現によって加速されている。

時代ごとに動物観はどう変遷したか？

私は2章で動物のイメージを考えた。私たちは動物を見たときに、いわば動物的直感を持つ。これはヒトに共通のもののはずだが、動物に対して持つイメージは民族間でしばしば違う。それは文化的影響であり、後天的なものである。直感的なイメージと後天的なイメージは明確に区別できるものではなく、ヘビに対して大人に教えられなくても怖がるのかもしれないし、そう教えられたから怖がるのかもしれない。

しかし、動物学的に近縁なヤギとヒツジがキリスト教においては悪魔と天使と対照的なイメージを持たれているとか、イスラム圏ではブタを食べないといったことは後天的な影響の好例である。本書では基本的に日本人の動物イメージを考えるが、同じ日本人でも時代によって変化したものがある。

そこで先に試みたように狩猟採集、農業、都市生活という3段階をとりあげながら、それぞれにおける動物観を考えてみたい。

狩猟採集時代の動物観

狩猟採集においては動物を食べられるか否かという価値観が最重要であるから、数多くいておいしいノウサギをよく獲り、「良い動物だ」と考えたであろう。青森県の三内丸山遺跡からはたくさんのノウサギの骨が出土している。

縄文遺跡からはシカとイノシシの出土率が高いが、これらの狩猟は困難と危険がともなうから、罠類が使われた。クマやオオカミは恐ろしいと思われていたであろう。鳥も同様で、ツルやカモ、キジなど大型で「食いで」がある鳥が狙われ、「良い動物」と考えられたであろう。福井県の鳥浜貝塚からはタイ、スズキなどの沿岸魚だけでなく、マグロ、カツオなど外洋の魚も出土しているし、哺乳類であるが「海産物」であるイルカやクジラさえ出土している。

ただし、日本列島への人の進入は遅く、遺跡が多くなるのは3万年前からで（松井２０１０）、狩猟採集生活にしては、農業生活の要素がある。たとえば、すでにイヌがいた証拠がある（松井２０１０、佐藤２０１３、外池２０１５）。イヌは猟犬として使われた可能性が大きく、その意味では次の農業時代を象徴する飼育動物を先取りした面がある。先取りといえば、青森県の亀ヶ岡遺跡から稲籾《いなもみ》が出土し、稲作がおこなわれていたことがわかっている（村越１９８７）。

農業時代の動物観

農業時代になっても狩猟をする山住みの人はいたが、稲作が農業の大きな部分を占めるようになると変化が生じた。そのひとつは家畜の存在である。牛馬の導入は農作業を一変させ、農民は家畜に対して愛情と謝意を抱いたであろう。またイヌを番犬にした農家もあったから、イヌに対してはありがたい、可愛いという感情を持ったはずだ。

一方、野生動物は農業生産にとって害をおよぼすかどうかで評価されるようになったであろう。シカやイノシシは農作物を食べる有害な動物であった。ネズミも収穫物を食べる害獣であった。そのためシカやイノシシを食べるオオカミはありがたい味方であったし、キツネはネズミを退治するありがたい動物であった。

もちろん、野生動物を「食べ物」と見ることは続いていた。日本の農業地帯は広大な平野が続く場所は少なく、丘陵や山が接していて農耕地と森林が隣接していることが多い。これを「里山」と呼ぶが、里山には茅場（ススキ原）もあった。

農民は茅場にいるノウサギ、キジ、雑木林にいるタヌキ、アナグマなどを獲って食べていた。建前としては「けもの」は食べないとされたが、「タヌキ汁」という言葉があるように、実際には哺乳類を獲って食べることも大目に見られていたようだ。このことについて松井（201

0）が注目すべき記述をしている。

彼はまず、中世・近世の文献情報は文字を読み書きできる上流層に限られるから、大衆の生活は記述されにくいことに注意すべきとする。そのうえで、哺乳類食はこれまで考えられていたよりも普遍的だったと考えている。

たとえば広島県草戸《くさど》の遺跡（平安時代末から室町時代）や兵庫県大物《だいもつ》遺跡（平安時代後期から鎌倉時代）は農山村ではなく町人の住む場所であったが、その遺跡からはイヌ、シカが多く出土し、ウシ、ウマは少ないという。

したがって、文献に狩人が殺生をやめて仏門に帰依したなどと書かれていることは、仏教を普及させるためで、実際にその影響はあったのだが、逆にいえば、それほど哺乳類利用があったのだとする。

江戸や京都・大坂（大阪）は大きな町だったが、現代都市と比べれば農地に囲まれており、市中にも農地や空き地がかなりあった。こういうところにタヌキやキツネがいた。こうした動物は農民に害獣とみなされる面があったものの、シカやイノシシのように大きな被害を出すわけではないし、町では農業被害もなかったから、さほど迷惑な存在とはみなされていなかったと思われる。

鳥も農作物の生産にプラスかマイナスかで見られるようになり、スズメは米を食べるから困った鳥だが、ツバメは昆虫を食べるので良い鳥だとみなされた。ただし、農民のスズメに対する態度はさほど憎しみがこもったものとは思えない。カキノキの実がなったとき、少しは鳥のために残してやるといった習慣はそのことを裏付ける。

林学者の四手井《しでい》綱英《つなひで》氏は、以前は「蚊取り線香」とは言わず、「蚊遣り線香」と言ったことをとりあげ、殺すのではなく、刺さないように追いやったのだと言っている（森2001）。私はこのような農民の「ゆるさ」あるいは寛容さは、私自身の親族と接した体験から、次のような感覚から来るものだと思う。

迷惑な動物とはいえ、生きている。きれいな花を咲かせる植物もあれば雑草もある。雑草は迷惑で、見つければ刈ったり抜いたりするが、それでもこういうものを含めて植物を生やしてくれる大地があり、これほどありがたいものはない。この土地は代々引き継がれ、自分が跡を継いでこうして田んぼを耕して米を作っている。これはこの土地と水とおてんとう様があってのものだ。だから土地は大切にしないといけない。毎日の農作業はたいへんだが、作物が育つ喜びがある。だが、台風が来ることも、雨が降らなくて農作物の育ちが悪いこともある。そうならないように、おてんとう様にお願いしよう。それだけに、無事稲刈りができたら、そのありがたさを神様にお礼しよう。

およそそういう気持ちで生きていたように思う。農民であった私の叔父はおとなしく、実に実直な人で、神社でもお祈りをしたが、自分の田にある岩が守り神だといって真剣に祈っていたのが印象に残っている。そういう姿勢からは、多少迷惑な動植物がいても、徹底的に撲滅《ぼくめつ》するという考えは生まれないように思う。

内山節《うちやまたかし》氏（２００７）は、群馬県で畑仕事をする中で、地元の人の自然観を知る体験をした。そして、人々の動物に対する思いの複雑さを知る。農作物に被害を出すサルやイノシシは迷惑な存在である。にもかかわらず、人々は同じ村に暮らす仲間だという意識を持っているという。そして次のような印象的な言葉を記している。

「村という言葉は、伝統的には、人間社会を意味する言葉ではなく、自然と人間の暮らす社会をさしている」と。そういう世界観は私たちには想像しにくいが、つい最近まで日本中にあったということの意味を考える必要があると思う。

都市生活時代の動物観

さて、都市生活となると動物へのイメージはどう変化しただろうか。それは当然、人間と動物との関係に直結し、人間の生活様式に影響されるはずである。

都市生活の特徴はすでに述べた。一言でいえば狩猟採集や農業でいう意味での土地との密着感がない生活である。当然、野生動物も遠い存在であり、テレビでクマの出没や事故があったとか、サルが町に出没したとか、シカの農林業への被害が深刻であるらしいということは知っているが、実感はない。

むしろ映像を通じて見る海外の野生動物や国内の希少な動物の珍しい生活などは人気がある。イルカやクジラの「ウォッチング」は観光産業になっているし、海外では草原的な国立公園などで動物を見ることは人気のあるツアーとなっている。

バードウォッチングが普及したのも1970年代からであろうか。それまではただ鳥を見るという人はほとんどいなかった。今はいたるところにバードウォッチャーがいるし、大型望遠レンズを持って撮影を試みる人もいる。ハクチョウやガン、ツルなどを見るツアーもある。鳥に対して人々は寛大になり、庭に餌台や水浴び容器を置く人も多くなった。

家畜は実際に見たり触ったりすることはないから、映像のイメージで、たとえばウシはのどかで、ヒツジはおとなしいといったステレオタイプのイメージが固定される。そして、すでに述べたように、食材の肉は動物の体の一部と感じさせない工夫によって、本来の人の持つ「食べること」に対する感覚がシールされている。

農業をしなければ家畜のことは知らないし、野生動物が有害でもない。存在感があるのはペットだけである。

人間は動植物が好きであり、エドワード・ウィルソン（2008）はこれを「バイオフィリア」と呼んだ。生活様式が変わってもこの性質は変わらないとみえ、生産という意味で役に立つわけでない動物の存在感が大きくなり、今やペット産業は大産業となっている。

都市生活者の住む都市には、洪水のように人が溢れているが、見知らぬ人ばかりである。本来コミュニケーションが不可欠な人間が、それをできないという悲劇的な状況がある。自分の住む土地の人とのつながりはなく、職場で仕事のために週日の昼間だけのつながりしかない。これはヒトとしては非常に不自然なあり方であり、軋轢《あつれき》がないはずはない。その寂しさをまぎらわせるためにペットの人気が高まっているという面はありそうだ。

ペットとしての鳥の人気は半世紀ほど前よりは低調ではないかと思う。鳥を飼えば餌やり、水やり、糞の処理などをすることになり、趣味としては手間がかかることなので敬遠されるのかもしれない。ただし、最近フクロウ・カフェが人気があるという。カフェのフクロウを見る人のようすからは、野鳥だと認識しているとは思えない。どこでどういう暮らしをしている鳥なのかには感心はなく、おもしろく印象的な顔をし、大きく丸い目を見開いて、何を考えているかわからないように遠くを見つめ、ときどきグルリと首を回転させるなど、不思議な生き物というとらえかたをしているようだ。この姿勢はパンダに対するものと重なる部分が多いように思われる。

ヘビ、カメ、トカゲ、カエル、サンショウウオなどは、かつてはあまり飼育されなかった。

イシガメ、スッポン、カジカガエルはペットとして飼育されたと思うが、そのほかはほとんどなかった。こういう特殊な動物は、さまざまなものがそうであるように、一部に熱烈なファンがいる。哺乳類への共感はわかりやすいもので、意思が通じる喜びがある。そういう一般的な好みとは別に、意思が通じないことにおもしろさを感じる、あるいはそのように見えるだけに通じた瞬間の喜びは大きいとして愛好する人がいる。いずれにしても、これは都市生活におけるペットの多様化ととらえることができる。

釣りは安定的な趣味であるし、なんといっても魚は日本人にとって欠かせないおかずである。スーパーでも大きなコーナーを占めるし、刺身や寿司は今は世界に拡大しつつあるほどだ。たまたま私の自宅から遠からぬところに鮮魚スーパーがあるのだが、広い駐車場はつねに満杯で、祭日などには車の長い列ができる。この消費を支えるべく、漁業（魚を獲る）、養殖、保管、流通なども大きく発達した。

ただし、哺乳類において狩猟の獲物、家畜、ペットといった人間との関係に質的な変化があったのに比べれば、「獲る者」から「買う者」、つまり生産者から消費者になったものの、都市生活になって人の魚に対する見方が大きく変化したとは思えない。

以上、都市生活者の動物観を考えてきたが、共通することは野生動物と家畜については実体験をしたことがないから、映像などのイメージしか持てないこと、ペットに対しては家族に対するような深い愛情を持つということである。そして食物とする肉、鶏肉、魚肉などについても、それを動物の体の一部であるという実感は持てなくなっているということである。

狩猟採集、農業、都市生活という3つの時代における人々にとっての重要度あるいは意識に占める大切さを表現すると下の図のようになるだろう。野生動物は現代では存在感が小さくなっているが、消えてはいない。家畜は狩猟採集の時代にも不完全な形ながら存在してはいたであろうし、狩猟犬は存在感も大きかったかもしれないが、この時間軸で考えれば、野生動物の中から突然生まれたということになるであろう。ペットは家畜の中から生じた傍系のようなもので、これも小規模、不完全な形では狩猟採集時代にもあったであろうが、人々の意識での比重でいえば都市生活で突然比重が増したということになるだろう。

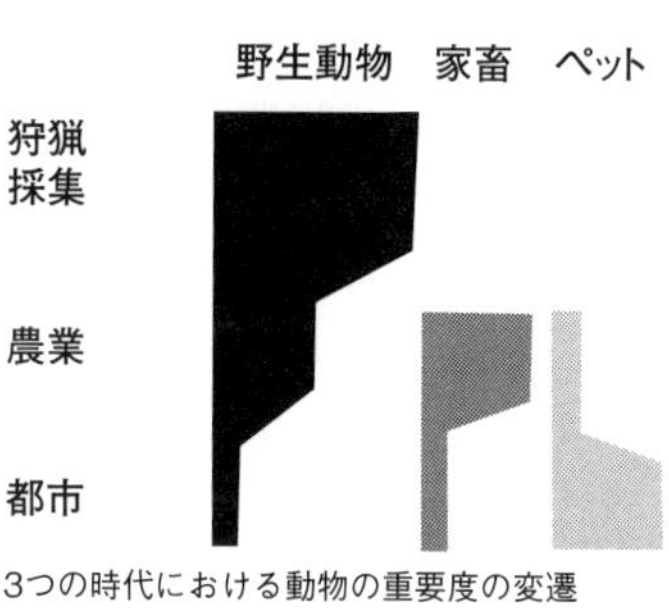

3つの時代における動物の重要度の変遷

民話・伝承に読み取る動物観の変遷

次に、日本人の動物観が時代とともに変化したことを、民話などから読み取ってみたい。

「鹿《しし》踊り」と「追い上げ式」

シカは今でも重要な狩猟動物であり、その意味では狩猟採集時代と同じ見方をされている動物といえる。しかし農業時代には農業に被害をおよぼす迷惑な動物という面が大きくなった。山下正男氏（1974）は、このことをシカの踊りに注目して論考している。

東北地方には「鹿踊り」がある。本物のシカの角を頭につけて激しく踊るものだが、これは狩猟の成功を祈るものとされ、その意味で縄文時代の伝統を継ぐものといえる。

しかし時代が下ると、農民の祭りは豊作を祈るものとなってゆく。京都の松尾大社では神主がシカやイノシシは奥山の親神のところに帰ってほしいという祝詞《のりと》を奏し、氏子たちが大声ではやしながら山に向かって走る「追い上げ式」をするという。つまり狩猟対象としてのシカが農業被害をおよぼす迷惑動物になっていったということである。

タヌキと民話

次にタヌキをとりあげる。タヌキの骨は縄文遺跡からも出土するから狩猟対象だったようだが、ここでは民話によって農業時代以降のことを考えたい。私たちに馴染みの民話といえば「かちかち山」と「ぶんぶく茶釜」であろう。

◎かちかち山

「かちかち山」は室町時代の話とされ、こちらのほうが「ぶんぶく茶釜」より古い。

あらすじは、農作物を荒らす困り者のタヌキをおじいさんが捕まえて、おばあさんに「これをタヌキ汁にしておけ」と言って出かけるのだが、縄でしばられて吊るされたタヌキはおばあさんに懇願して、なんとか縄をといてもらう。

縄をとかれたタヌキは態度を豹変させ、なんとおばあさんを殺してタヌキ汁ならぬ「ばばあ汁」にしてしまう。タヌキはおばあさんに化けて、おじいさんが帰ってくるとそのスープを飲ませてしまう。

それを知ったおじいさんはタヌキの仇《かたき》を討とうとウサギに相談する。ウサギはまずタヌキを金儲けになるからといって薪刈りに誘う。薪を背負ったタヌキをやけどさせようと背後から火《ひ》打石《うちいし》を打ち、それが「かちかち」というので、タヌキがいぶかしく思って聞くと、ウサギは「あれはかちかち山のかちかち鳥の鳴き声だ」と嘘をつき、そのあと本当に火をつけてタヌキの背中にやけどを負わせる。

その後、タヌキが寝込んでいると、見舞いと称して訪れ、練り薬をつければ治るからといって唐辛子をすりこんでさらに痛い目にあわせる。これではどちらが悪いのだかわからない。

続いて第3幕。ウサギはまたタヌキを誘い出す。今度は漁に行って魚を獲って金儲けをしようというのだ。どうもウサギは金儲けが得意のようで、タヌキはそれにつられるたちのようだ。そして海に出かけるのだが、タヌキには泥舟に乗れといい、自分は木の舟に乗って沖に出る。そしてタヌキは泥舟が壊れて溺死する。

というわけで大人になって冷静に読み直すと、まことに残酷な話に思える。その後の武士社会の価値観によって脚色されたとしても、仇討ちのためなら手段を選ばぬというのは武士道としてフェアであろうか。

ともかく、タヌキは農家に迷惑をかけはしたが、やすやすとウサギにだまされ、それでもまた信じて最後にひどい目にあう。読みようによっては、このタヌキはだまされながらも相手を信じる愛すべき個性と見ることもできそうなほどだ。ただ基本は農民に迷惑をかける「害獣」ととらえられている。

◎ぶんぶく茶釜

「ぶんぶく茶釜」のあらすじは、あるお寺の和尚さんがお茶が好きで、古道具屋から茶釜を手に入れた。ところがこの茶釜は火にかけると動き出すので、和尚さんは気味悪くなって通りかかった古道具屋に売る。

貧しい古道具屋はお金が手に入ったので、たまにはとタイを買って帰るのだが、それが何者かに食べられてしまう。タイを食べたのは茶釜に化けていたタヌキで、タヌキに戻れないで背中は茶釜のままだった。

やさしい古道具屋はかわいそうになって許してやることにし、タヌキが戻れるまで家に置いてやることにした。命拾いしたタヌキは古道具屋にお礼をしたいと思い、見世物小屋で綱渡りをすると申し出た。この見世物は大にぎわいとなり、古道具屋は貧乏生活から解放された、というものだ。

この話は見世物という派手な場面からお金持ちになるハッピーエンドで終わる明るい話のようだが、独り者の貧乏な若者が、かわいそうなタヌキを助けてやるとか、タヌキがついついタイを食べてしまうが正直に白状するという部分には哀愁が漂う。そこには弱い者同士がいたわり合うという要素が大きいように思われる。

「ぶんぶく茶釜」では、タヌキに対する「かちかち山」の害獣イメージはなくなり、お人好しな感じになっている。それと化けるには化けるがあまり上手ではないということが印象づけられる。

そして現代ではタヌキは「ポンタ」とか「ポン吉」とか呼ばれ、無邪気な少年というイメージでとらえられているようだ。

「タヌキおやじ」という言葉があって、いろいろなことをよく知っていて、現実的な言動をする中高年の男性を指して、良くない意味で使われる。しかし現代人にとってタヌキのイメージは無邪気な少年のほうが強い。

タヌキのイメージのこのような変化は、私がこの章で考えた、人々の生活基盤が動物を見る視点に大きく影響することをよく示している。農民にとってタヌキは有害な動物であり、タヌキ汁にする食物でもあったが、町人にとっては害はないが、ちょっとあやしく、それでいて間抜けな動物と映ったのであろう。そして現代では動物は可愛いかどうかで評価され、タヌキは可愛いほうに位置づけられている。

キツネを祀る稲荷神社

次にタヌキとペアにされる、「ライバル」でもあるキツネをとりあげる。私たちはキツネはずるい動物のような気がするが、それはヨーロッパでのイメージに影響されているのであり、もともとはそうではなかったようだ。

現在の日本人のものの考え方や感じ方は弥生時代以来の稲作生活に強く影響を受けている。「田」のつく名字は多いし、給料取りになることを「飯が食えるようになる」と言うなどさまざまな表現にも米作りが反映されている。

稲作農民にとってネズミは大敵であった。だから、米を蓄える倉庫には「ネズミ返し」がついていた。それでもネズミの被害は大きかったから、ネズミを獲ってくれるキツネはありがたい味方であった。このため、その美しさも相まってキツネはすばらしい神様とされた。

稲荷神社はキツネの神なのになぜ「稲荷」という字を書くのかと思うが、これはキツネが稲を運んでくるというイメージから来るものと思われる（中村1984、2008）。中村禎里氏は、農民はキツネの黄色と稲穂を重ねて見たのではないかと考えている。私はさらにキツネの体色というより、ふさふさした尾と稲穂の連想であると見たい。米こそが豊かさの象徴であったから、稲荷神社は富の神社となり、やがて商売の神様に変容していく。農業の豊かさという実質的な豊かさがお金という契約的な豊かさに変化したとき、自分たちを助けてくれるキツネから、商運を左右するものとなり、そこに健康な神からあやしさが入り込んだ神に変質したのではないだろうか。

キツネは客観的に見れば美しい動物だが、目つきや動きを擬人的にとらえると、狡猾さや妖艶さを連想させる要素がある。稲荷神社に祀られる白いキツネの人形は目がつり上がり、口が赤く、あやしさや恐ろしさが表現されている。その人形がたくさんあり、朱色の鳥居がたくさん並んでいる稲荷神社は非日常的な空間となる。稲荷神社は都市化が進んだ江戸時代に繁栄し、最も数の多い神社とされる。

こうした土壌があったから、明治維新後に導入されたイソップ童話に描かれた狡猾なキツネは、無理なく受け入れられ、日本人にとっても狡猾な動物だとイメージされるようになったものと思われる。

ここで興味深いのは、ヨーロッパにはタヌキがいないから、ヨーロッパではキツネと対比的にとりあげられる動物はオオカミであったという点である。オオカミはキツネよりははるかに大きく、強く、群れる。そして生活の基盤であった牧畜の家畜を襲う恐るべき動物であり、中世のヨーロッパでは悪魔と同一視された。オオカミに比べればキツネはこそこそとした、臆病でずる賢い「小者」であった。

「大神」であり「悪魔」であるオオカミ

最後にオオカミをとりあげる。私は2章でオオカミをとりあげて洋の東西の比較をした。日本ではオオカミは農業の害獣であるシカやイノシシを殺してくれるありがたい神であったが、明治政府は近代化を強力に推し進める中で、北海道の開拓を進め、森林を伐採し、19世紀末にはエゾオオカミを絶滅させた。それは富国強兵という国是の中で当然のこととして起きた。そのような流れの中で本州のオオカミも1905年に絶滅した。

親の世代に神様であった動物が絶滅するということがなぜ起きたのだろう。それには、さまざまな要因が働いたものと推察される。北海道ではアメリカの毒薬が効果を発揮した。

また、銃の普及によりさまざまな野生動物が減少した。絶滅の要因にはそのような技術的なこともあったであろうが、私は国民の意識の違いが大きかったと思う（高槻２００６ｂ）。

明治政府が推進した近代化には教育も含まれていた。明治４年（１８７１年）には文部省が設置され、明治19年（１８８６年）には尋常小学校ができた。さまざまなことが大きく変化し、江戸時代が遠のいていったが、教育改革は国民に非常に大きな変化をもたらしたはずである。そうした中に欧米の童話の導入がある。子どもたちはイソップ童話やグリム童話などに接することになった。そこに描かれたオオカミは我が国のものと違い、邪悪で狡猾な動物であった。幼い心に刻み込まれたこのイメージは、オオカミを駆除するというときに、抑制を効かなくさせたのではないだろうか。

いずれにしても事実として、20世紀初頭に日本列島からオオカミがいなくなった。これは、同じ国でも時代によって価値観が大きく変わって、動物に対するイメージをも変化させるという好例であろう。

奇妙なことに、ヨーロッパの価値観を持ち込んで各地でオオカミを絶滅させたアメリカ国民は、20世紀の終わりになって、イエローストーン国立公園の森林植生が劣化したのはエルク（大型のシカ）が増えすぎたせいであり、それはオオカミを絶滅させたためだとして、カナダからオオカミを導入して復帰させた。このとき、それまでのオオカミ悪魔論はまちがっており、生態学研究によってあきらかにされた生態系の成り立ちを理解すれば、この生態系にオオカミは必要だという認識で啓発活動をおこなって、「オオカミお帰りなさい作戦」を実施した。

日本では「神様」がヨーロッパの影響を受けて害獣になって絶滅が起きたのに対して、ヨーロッパ文化の枠内にあるアメリカでは悪魔のように嫌われて絶滅されたオオカミが、生態系に必要な存在であるとして復活したという「ねじれ現象」が起きたことになる。

私はオオカミが「大神」であり続けたなら、北海道でも本州でも絶滅にはいたらなかったと思う。そこに私たちは明治という時代が過激ともいえる意識改革をしようとしたことを読み取ることができるように思う。

欧米の価値観の導入は「神」を「害獣」におとしめた。そうした意識操作が私たちが漠然と感じるより強い影響を与えうるという意味で、日本におけるオオカミへの見方の変遷は重い意味を持つように思われる。

第8章

私たちは動物とどう向き合うか

動物を類型に沿って人間との関係を考えてきた。そして人類史の3段階における動物への視点を比較することで、現代の都市生活の特徴や問題点を考えてきた。最後のこの章ではこうしたことに基づいて、これから私たちが動物との関係をどうしていくべきかを考えたい。

史実に残る「動物裁判」

人の動物への視点を考えるうえで、たいへん示唆的な本を紹介したい。『動物裁判』（池上1990）という本である。

15世紀のフランス、ブルゴーニュのある村で少年がブタの親子に噛み殺されるという事件が起きた。とんでもないことが起きたのでブタは殺害されて当然であろうが、なんとこのブタの親子は裁判にかけられたのだ。被告はブタだが、代理で所有者が出席した。証人尋問があり、判決は有罪となりブタは木に吊るされ処刑されたが、子ブタは無罪となった。これは実際に起きたことである。

次に紹介するのは16世紀のチロル地方で、モグラが畑に穴を掘って植物が生えないようにしたことが問題になり訴えられた。これに対して弁護士は、モグラがイヌやネコの被害にあわないように安全通行券を与えるべきであるとしたので、裁判官は追放命令はやめて、親子のモグラと妊娠中のモグラには安全通行券と猶予《ゆうよ》期間を与えた。

同じ16世紀のシャンパーニュではネズミが穀物に被害を出したので訴えられた。判事はネズミに出頭を命じたが、ネズミは出頭しなかったので欠席とされた。これに対して弁護士はネズミにとって裁判所は遠く、ネコの危険があるからやむをえないなどと述べ、またネズミを断罪するのは人間性に欠けると訴えた。

私はおもしろい中世の創作寓話を紹介しているのではない。これらはすべて大真面目な事実の記録である。驚くことに、このような動物裁判は18世紀まで続けられ、しかもヨーロッパ全体でおこなわれたということである。この奇妙さはヨーロッパ中世の無知による愚かで滑稽なおこないにすぎないのだろうか。これについて池上俊一氏は次のように考える。

キリスト教以前の古代社会・異教世界では、自然世界の秩序を守るために人間が犠牲にされた。しかし12世紀以降になると、人間世界を守り、その条理を自然世界にまで貫徹すべきだという考えに変化した。そのために動植物までもが人間の裁判にかけられ、処刑や破門とされたのである。

これは、この世界が神によって作られ、神の姿をした人間が世界を支配すべしというキリスト教の基本精神と軌を一にする。その意味で見事ともいえる一貫性がある。

では、その一貫性が17世紀くらいから続かなくなり、動物裁判に対する批判が起きるようになったのはなぜだろうか。

この頃、自然科学が長足の進歩を見せる。そして自然界は人間とは独立した論理で成り立っているという認識が定着してきた。また、社会状況の変化も見逃せない。近世の都市は産業の発達で環境汚染が始まっていた。そうした環境に暮らす庶民にとって、自然の景観は安らぎを与えるものと映るようになった。こうした流れの中で、自然界は人間のために存在するのではないという意識の変化が生じ、定着していった。

それにより、「動植物は実は人間とは違うから、人間の規則で裁くべきではない」という当然のことに気づいたということになるが、それ以前は、過度であったとはいえ、「神の定めた規則はこの世のすべてにあてはめなければならない」としたという意味で、見事に一貫していたのである。

池上氏はここで洋の東西に言及する。

日本では自然は征服すべきものではなく、共生を信条としてきた。花鳥風月を愛でる習慣はその表れである。そして昆虫をも友とし、タヌキやキツネが人を化かすとはいえ、その視線にはタヌキやキツネは邪悪なものとは見ないという愛情や共感が感じられる。それらは、人間だけが霊魂を持ち、ほかの生物から卓絶した地位にあるのだから、世界は人間が支配するというヨーロッパの考え方と根本的に違う、とする。

高等・下等の境界はあるか？

ハロルド・ハーツォグ（２０１１）は動物を殺すことになった自らの体験を紹介している。彼は大学院生の頃のある日、仕事を言いつけられた。いろいろな動物の皮膚から分子サンプルを集めるために、80度のお湯に動物を落として殺すという作業だった。

ハーツォグはまずコオロギをお湯に落としたが、お湯につけた瞬間即死だった。次のサソリは少し時間はかかったが死んだ。ここでハーツォグは自分は何をしているのだろうと自問した。トカゲを取り出したときは、気分が悪くなって冷や汗が出た。お湯に落としたら、10秒くらい暴れて死んだ。次のヘビのとき、彼は手が震え、額に汗をかいた。最後はネズミだったが、彼はこのときはどうしても殺せなかった。それでオフィスに行き、「これはできません」と断った。

その後、ハーツォグはネズミでやめてよかったと思うと同時に、あのときサソリの段階でやめればよかったと後悔もした。そして考えた。医学実験でネズミを殺す研究者と、台所のネズミをパチンコで背骨を折って即死させたり、殺鼠剤でじわじわ殺したりするのと、本質的に何が違うのだろうと。そして、なぜ自分は昆虫を殺すのは平気で、トカゲでためらい、ネズミで拒絶したのだろうと。

ハーツォグは生物学の背景があるから、系統的に「下等」なものから「高等」なものへと順々に処理したが、その順に心が苦しくなったという。ただ、生物学的な知識がなくても、大きさや行動などから、直感的に昆虫、爬虫類、哺乳類という順に殺しにくいと感じることは理解できる。それはこの順に「命の大きさ」や「苦しむ程度」が大きくなるような気がするからで、それになんの不思議もないように思える。だが、ハーツォグはそのように感じる自分をフェアではないのではないかと自問したのである。

生物学的には昆虫はずっと昆虫のままで、時代がさかのぼるにつれて、進化によりいろいろな動物が生まれ、両生類よりは爬虫類が、爬虫類よりは鳥類が、鳥類よりは哺乳類が後に生じ、それらの形態や構造が複雑化した。また昆虫が哺乳類よりも知能が劣ることもまちがいない。しかし、それをもって「下等」、つまり劣っているというのは正しくない。昆虫ができて哺乳類にできないことは無数にあるし、人にできないことができる哺乳類も無数にいる。

この人間を一番上に置いて、動植物を高等・下等と区別する価値観そのものが非常にヨーロッパ的、あるいはキリスト教的世界といえる。

イギリスの法律では魚類は痛みを感じないから捕獲してもよいが、タコ「以上」は痛みを感じるから残酷であり、その捕獲は違法であるとしていると聞いたことがある。詳細は不確かだが、タコが魚類より上位に置かれていたことは確かだ。

　私はこういう基準は納得できない。魚が痛覚を感じないなどとどうしていえるのだろうか。魚だってミミズだって毛虫だって、みな圧《お》されたり、体を切られたりすれば痛いのは疑う余地がない。動物だけではない。木が伐られるときも、草が抜かれるときも、命が奪われるという意味で痛いに違いない。痛みとは神経の痛覚という表層的なものがすべてではない。そのように定義すること自体が自分たちに都合の良い苦し紛れの正当化にすぎない。

　ここでわかるのは、一見、科学的でクールであるかのような動植物の高等・下等という認識さえ、非常に主観的なものであるということであり、文化的影響がいかに意識の深いところにまで影響するかということだ。

　ただ、私が言いたいことは、ハーツォグが考え直したように、すべての動物の価値は同じであるととらえたほうがよいということではない。それは一種の原理主義であって、むしろコオロギをお湯につけるときよりも、ネズミのときのほうが苦しかったという感覚のほうが自然であると思う。ハーツォグのすばらしさは、「では、どこに線を引けばよいのだ」と自分の感覚を曖昧にすることなく、きちんと考えようとしたことにあると思う。そういう体験をすれば、どのような命に接したときでも、「この姿勢はフェアといえるだろうか」という思いを持つことにつながる。それは、動物の側に立つ想像力を持つことの大切さにもつながるであろう。そのことは、これからの人類にとって重要なことに思える。

都市生活がもたらす非寛容さ

ある社会が持つ文化的背景がその社会に属す人々の動物を見る目に影響を与えることを確認したうえで、私たち自身のことを考えてみたい。近代化を果たし、世界の「経済大国」と自他ともに認められた日本人の動物に対する見方は、どのように変化しただろうか。

近代化を目指した明治以来の日本は工業化を大いに進めた。とはいえ、太平洋戦争後しばらくまでは、農業人口が多く、1950年には45％あり、国民の半分近くが農業をしていた。都市に住む人でも多くの人は親戚に農業をする人がいた。しかし1970年になると農業人口は25％となり、1990年になるとなんと4％を割り込み、2010年には2・0％となった。

つまり、日本は人口割合から見れば、この30年ほどで農業の国ではなくなったのである。その結果、人々は都市住民となった。それは土に触れることなく、動物を見ることがない生活をするようになったということである。

同じ都市生活でも、1960年頃まではふつうの家庭にはネズミがおり、ハエ、カ、ゴキブリは必ずいた。多くの家では蚊帳《かや》を吊って寝たし、台所にはハエトリリボンがあり、ちゃぶ台に置いた皿には虫除けのネットがかぶせてあった。こうした迷惑動物が家の中にいるのは当然のことであった。子どもは空き地や雑木林で昆虫やトカゲなどに接して遊びながら育った。

しかし、その後の生活様式の変化はネズミやゴキブリをシャットアウトした。ハエやカも激減したといってよいだろう。マンション暮らしの生活ではハエやカさえいないかもしれない。子どもの遊びから野外で生き物に接する機会はなくなった。

清潔になったのは歓迎すべきことだが、昨今のテレビコマーシャルを見ていると、絨毯やベッドのホコリを採取して顕微鏡で拡大して家ダニがいることをアピールする。そして、

「こんなにいるのだから、徹底的に撲滅しましょう」

と促す。それだけでなく、「抗菌グッズ」という言葉もよく聞くようになった。食器でも家具でも、特殊な方法で調べれば細菌で溢れている、これらは徹底的に排除すべきだという。

私にはこのあたりの判断はしにくい。確かに高温多湿な日本の夏は多様な生き物の生存を可能にし、カビは生えるし、食物を放置すればすぐに腐る。清潔にしなければ衛生上の問題が生じる可能性は乾燥した国より大きいのはまちがいない。しかし、人類は数百万年という長きに渡って有機物の中で生きてきたということを考えるべきだと思う。酒も納豆も麹《こうじ》もすべて細菌によるものである。つまり、地球は細菌に満ちたものなのである。

清潔な布団で生活したレベルで発生する家ダニは徹底的にいなくさせないと健康に有害だと

いう医学的根拠はあるのだろうか。抗菌グッズで対象とする細菌もしかりである。家ダニや細菌がいるということと、それが有害であるということは別問題である。無害であればいてもかまわないはずだ。その意味で、こうした説明は科学的根拠に基づくべきであろう。

私が言いたいのは江戸時代から明治時代になってオオカミの見方が激変したのと同様に、あるいはそれ以上に、都市生活をするようになった多くの日本人の動物に対する見方が変化しているのではないかということだ。

パンダ・フィーバーについて

アイドル・シャンシャンの誕生

都市生活者であるわれわれが動物をどうとらえるかを考えるうえで、パンダほどふさわしい動物はいない。

2017年の後半、テレビでは相変わらず政治や経済、災害など次から次と話題が続いたが、いつもとは違う話題があった。ジャイアントパンダが出産し、新生児の名前が募集され、成長する過程の一挙手一投足が報じられた。名前はシャンシャンに決まり、年末になると、生後6

カ月になるからと公開されることになり、おびただしい数の人が「出会い」を希望し、倍率は１００倍を超えた。

ニュースを伝えるキャスターも例外なく、満面の笑みで「可愛いですねえ」と言う。そのようすを見ると、確かにあどけない姿と動きは可愛らしい。私たちはそれを見て、心が癒される。「アイドル・シャンシャン」は日本中の人気者である。

シャンシャンの一生を考えてみよう。シャンシャンは母親の妊娠中から存在が知られていた。そして出産も、その後の成長も記録されてきた。借り物だからいずれ中国に返すことも決まっている。順調に育てば20年ほど生きるかもしれない。それはわからないが、まちがいなくわかっていることは、シャンシャンは死ぬまで飼育条件下で過ごすということである。

パンダ

では、シャンシャンは一体なんのためにこの世に生まれてきたのだろうか。まさか人前にさらされて、人々に「可愛い」と言われ、癒しを与えるために生まれてきたのではあるまい。だが、現実にはそう生きると定められている。これは生命倫理に照らして許されることなのだろうか。この問題の本質は容易には答えの出せないこのことにある。

パンダは野生動物である

はっきりしているのは、パンダは野生動物であるということである。

「生きたぬいぐるみ」のようで、愛くるしく、のどかにタイヤで遊んだり、母親とじゃれ合ったりするシャンシャンを見る人たちの意識の中に、野生動物を見ている感覚はありそうもない。だが、パンダは生きたぬいぐるみでないばかりでなく、品種改良されたペットでもない、まぎれもない野生動物なのである。野生動物であるということは、自然界で自分の力で生きる動物であるということである。

すべての動物は気の遠くなるような長い時間をかけて環境の中で進化してきた。クマの仲間であるにもかかわらず、ササを食べることに特殊化し、指の形態もそれに適したものとなっている。なぜこのような特殊な進化をしたのかはわかっていない。パンダはかつて北京付近からベトナムにいたる広い範囲に生息していたことがわかっている（シャラー1989）。しかし中国の歴史の中で分布域が狭められ、20世紀の半ばには四川省の奥地に閉じ込められるようにひそかに生き延びてきた。

パンダはまぎれもなく絶滅に瀕している野生動物である。そのあるべき姿は動物園で人目にさらされるのではなく、野生状態で安泰に生きてゆくことでなければならない。

「シャンシャンをもてあそんでいるわけではない。むしろ手厚く世話をし、この上なく大切にしているのに、何が悪いのだ」という反論があるだろう。「食肉処理される家畜がいるし、安楽死させられるペットもいる。そういう動物はかわいそうだが、シャンシャンはその反対なのだから問題などない」という意見もあるだろう。

だが私はそうは考えない。なぜならパンダは家畜でもペットでもないからである。野生動物はペットとは違う扱いを受けるべきであり、そのことの意味をまったく考えないで「生きたぬいぐるみ」とみなすのはまちがっていると思う。

動物園に対して辛口のことを書いたが、私の言いたいことはそこにあるのではない。来園者の希望に応えてサービスすることも動物園の果たすべき役割である。その意味で、私の提案は、この注目度を賢明に生かしてほしいということである。

いくら愛らしく、生きたぬいぐるみのようでも、パンダは野生動物である。シャンシャンというパンダは宿命として、生まれてから死ぬまで飼育施設で過ごすこともやむをえないであろう。だが、私たちの目標は、集団としてのパンダを野生状態に戻すことでなければならない。そのための教育の装置としての動物園の役割は限りなく大きいものといえる。

シャンシャン・ブームを、生きたぬいぐるみを一瞬見せるだけに終わらせることなく、パンダの魅力、特殊な進化、置かれた現状、楽観できない将来などをわかりやすく伝えることで、パンダの野生復帰につながる普及活動をしてほしいと強く期待する。

現代人と動物のステレオタイプ

人の生活が与えた影響

ここまでパンダを含め、人々の生活の基盤が動物の見方に影響を与えることを確認し、都市生活がいかなる影響を与えるかを考えてきた。それをまとめると次のようになるだろう。

都市生活は人々の生活を消費的にする。そのため、衣食住すべてがお金で買うものとなる。とくに食べることが、本来動物を獲らえ、殺し、調理するという一連の行為であるととらえると、都市生活はその最後の「食べる」に先行する部分をすべて「買う」ことになり、そのことは人と動物の距離を遠ざける。野生動物は食べ物とはかけ離れたものとなり、映像のイメージ上のものとなる。あるいは趣味としてのウォッチングの対象となる。

排泄そのものが不快かどうかは別として、排泄物はまちがいなく不快である。日本の便所は長い間糞便の蓄積場であり、不快でいたくない空間であった。このことは、生まれたときにはすでに水洗トイレが普及していた世代にはわかりにくいことであろうが、これは昭和も終わりまで続いた。つまり、この半世紀の間に日本人のトイレについての感覚が革命的に変化したのである。

死はもともとはおぞましいものだが、農業時代に儀式化し、死体の実感は遠ざかった。都市生活はそれをさらに徹底し、死は抽象的な儀式となっている。

都市生活を動物との関連でいえば、農業時代に存在感が大きかった家畜は実感のない存在となり、ペットの存在が大きくなった。人とペットの関係も農業時代に比べればより濃厚で消費的になった。ペットは都市生活における人間関係が地縁集団ではなく、契約的に成り立つものとなったことで派生する孤独感や、独り暮らしの老人の寂しさを満たすものとしての側面を持つようになった。

こうして、都市生活者にとって実感を持てる動物はペットだけになり、野生動物や家畜はバーチャルな存在となった。書物や映像を通して伝わる情報はしばしば偏ったものとなり、ステレオタイプなイメージを醸成しがちである。その典型がパンダであり、ほとんどの人はパンダを野生動物とは認識していない。

そしてパンダやコアラ、小鳥などは可愛い、ゾウやウシはやさしい、ウマ、ワシは凛々しい、トラやライオン、ワニは怖い、ヘビ、トカゲ、ガ、ミミズは気味が悪い、ハイエナはいやらしい、といったパターン化された評価が強調される。

都市住民が動物に求めるのは可愛さである。イヌ、ネコは住宅事情とも関連して、小型の室内品種が人気がある。野生動物に対しても可愛さが求められ、パンダがその代表であるが、コアラやアザラシなども可愛さが人気のもとになっている。タヌキはかつては害獣であり、人を化かす動物であったが、今では可愛さが前面に出ている。それは動物の危険を体験したことがないからであり、可愛さを強調する情報に影響されるからである。

その一方で、快適で安定的な都市生活をすれば、危険さ、野蛮さ、荒々しさ、不潔さなどに対する嫌悪感、忌避感は強化される。また幼年期、少年期に野外で動物に接することなく成長すれば、動物がいかなるものであるかを知らず、イメージは大人から伝えられたものに強い影響を受ける。

そのため、危険であり、気味が悪く、不潔な動物、あるいはそのようなレッテルを貼られた動物は嫌悪される。このことは室内にいる小動物への非寛容と、その結果としての徹底駆除の姿勢に典型的に見ることができる。

ヒトのDNAと都市生活の隔たり

このような傾向が続き、数十年経過したときどのようになるだろうか。本書で考えてきたことの延長線上で考えるとき、寒々とした将来予測が浮かぶ。無菌状態のような部屋で育ち、動物に接するといえばペットだけで、そのほかの情報は映像だけという子どもが多数派になる。

デコボコの地面を歩くことも、かすり傷を作ったり、虫にさされたりすることもない。テレビゲームなどで「動物」は殺しては再生するような存在とイメージされるかもしれない。ただし、これは一過性のことである可能性もある。

問題は、われわれのＤＮＡは狩猟採集時代に形成されたもので、それ自体は人の生活がいかに変化しても不変であるということにある。そう、私たちの生活がいかに変化しようと、私たちは動植物を食べ、排泄し、死ぬという動物の基本はまったく変わらず、生まれてすぐに母親の乳房に吸い付いて母乳を飲み、嬰児《えいじ》のときから動くものには反応し、親の目とみなされる２つの黒い点には強く反応するなどは不変なのである。

幼児的な外見に可愛さを感じたり、大きく、強く、危険なものには恐怖を感じ、ウロコがあり、ツヤがあり、毒々しい体色の動物には不気味さを感じたりすることも不変である。数人で群れ、意思疎通をし、生まれた土地に馴染んでそこで大人になって死んでゆくという基本的生活をするというDNAも動かしがたく刻印されている。

こうしたヒトとしての性質は文化的影響を受け、ときにそれは非常に大きなものになりうるが、深層部分で不変であることが重要である。そのような性質が自然に発露できる限り、生活の変化はさほど大きな問題を生むことはないだろう。

だが、都市生活がもたらす前記のような質的変化は、ヒトのDNAに刻印されたものとあまりにも大きく隔たったものとなる。本来のヒトとして動物に関心をもち、動物を捕まえ、殺し、食べて、排泄するという行為を本来の形で「させない」ことが人の心理や行動にどういう影響をおよぼすか、にわかには予想しがたい。

死の実体をオブラートに包み、死に対する感覚をシールすることの影響も同様である。都市生活においては同じ場所に住む人とコミュニケーションがしにくいことの影響については、われわれはすでに多くの病理的症状に直面している。

今後、都市化がさらに進んだとき、どうなるかを予想するのは難しいし、どうすればよいかと問われれば、私にはわからないと答えるしかない。ただ、次のことは指摘しておきたい。

本書の試みであきらかになったことは、私たちがヒトとして難しい時代に入りつつあるということだ。20世紀には医学の発達や経済的な豊かさという長年の人類の夢を実現したプラスの面があると同時に、人間の活動範囲が広がり、人口が増え、環境を汚染し、資源を浪費することで環境問題というマイナス面にも直面した。

その中で都市人口が増え、日本ではその程度が著しかった。その影響は7章で説明したが、問題は、生物の進化上のヒトをとらえたとき、この変化が単なる「豊かさにともなう質的変化」という以上のものである可能性が大きいということだ。20世紀には、豊かになることは自然から遠ざかることであり、そうなることは歓迎されもした。日本中で聞かれた「もう農村を捨てて街で暮らせる」という言葉は、それを象徴している。

私はこうした考え方を根元から見直したほうがよいと思う。それは一言でいえば、豊かになることは自然から離れることだという「前提」に疑いを持つことである。

我が国の伝統を振り返る

今の私には都市生活が人々におよぼす影響という問題に対する処方箋は書けない。それでも、ささやかな提案はできそうな気がする。

それは本書の冒頭で紹介した、カニが酔って縦歩きしたという落語の小噺に関連することだ。この噺の奥に感じられるのは、「カニにはカニの事情があるはずだ。何かの事情でカニという小さな動物は横に歩く。われわれ人間とは違うが、あいつらはあいつらで一生懸命生きている。お互いさまだ。みんな、おてんとう様の下でそれぞれの生き方をしている。それで世の中おもしろいのだ」という気分であろう。

それはヨーロッパ中世の動物裁判の対局にある考え方である。動物をも人と同じ規則で裁くという、論理的ではあるが硬直した姿勢は、自分たちだけが特別な存在であるという傲慢さに発している。

小学生の頃、映画館で映画と映画のあいまに短いニュース映画があったのだが、そこで日本の登山隊がマナスル登頂に成功したことが紹介された。そのナレーションは「ついにこの山が征服された」と言った。そのとき私は、征服というのは戦争などで敵に勝利して屈服させることなのに、なぜ困難を乗り越えて山頂に立って喜んでいる人たちの行為を征服というのだろうと不思議に思った。

「自然保護」がはらむ意識

戦後は自然保護の動きが活発になった。それはあまりの自然破壊に疑問を感じた人たちが立ち上がったということが大きいが、同時に自然のすばらしさをロマンチックに追求するという欧米における自然保護運動への憧れという面もあった。尾瀬湿原の保護はその象徴的なものであろう。高度経済成長の中で開発派と保護派が対立したのは必然的な結果であった。

もちろん私自身は保護派に立つが、この「保護」という概念もまた「征服」と同根であることは重要だと思う。保護とは弱いものを守るということであり、ヨーロッパ文化を支えた、人間こそが世界を支配し、責任を持って管理すべきであるという精神に立つものである。実際、ヨーロッパの自然にはひ弱さがある。

だが、果たして日本の自然も守らないといけないほど弱いものだろうか。私たちがテレビで目にするのは、豪雨による洪水、火山の噴火、地震による地割れ、斜面の大崩壊、津波の圧倒的な破壊力、豪雪による通行不能など自然の脅威である。私たちには、これら自然災害が毎月のように報道され、それで1年が回っているという感覚がある。日本の自然はやさしく守ってあげるというようなものではまったくない。私たちの祖先が自然に畏敬の念を抱いてきたのはごく当然のことであった。

もちろん、春の訪れ、夏の強い日差し、秋の紅葉、冬の雪景色と、うれしい季節の変化が報じられ、毎日の天気予報でも、ただの予報に季節おりおりの小さな変化などが添えられる。これは伝統的な花鳥風月を愛でる習慣の新しい表現形式だと思う。私たちの祖先は豊かな自然の中で暮らしながら、自然を恐れ、なだめ、それに生かされる生き物にやさしく、愛情に満ちた視線を注ぎ、それらの生き物を含め作物を育ててくれる大地に感謝して生きてきた。それは決して組み伏せるものでも、守るべきものでもなかった。

私が深刻に受け止めるのは、こうした伝統を都市生活は無視し、断絶させることである。ないものを取り込むのは難しいが、ほんの少し前まであったものを思い出し、引き継ぐことができないはずはないと思う。

私たちは動物にどう向き合うか？

私が生態学から学んだこと

私は子どもの頃から生き物が好きで、そのまま生物学者になったのだが、その生物学は実験室でおこなうのではなく、野外で生きている動植物を対象として、そこにある原理を読み取るというタイプの生物学である生態学である。その体験からすると、文字通り、動物ごとに異なる事情があり、もちろん植物にはまた違う事情があることがわかる。

私は3年前に大学を定年退職したが、その後も自分の住む東京西部の市街地でタヌキの調査をしている（高槻2017b）。タヌキが市街地でたくましく生きていることも感動的だが、私が最も印象づけられたのは、糞虫の存在である。その糞虫であるコブマルエンマコガネを飼育したら、5匹がピンポン球ほどの馬糞を1日かからずにバラバラに分解してしまい、そのパワーに驚いた。そして、こういう糞虫がいるおかげで糞が分解され、土に戻ってゆくのに大きな貢献をしていることがわかった。

糞とは不潔で悪臭のする不快なものの代表であり、それは世界共通なことである。その糞に群がる糞虫など想像するだけでおぞましいというのがふつうの感覚であろう。だが、自然の成り立ちを知り、糞虫の役割を理解すれば、その存在価値に違う認識が生まれる。それは死体に群がるウジやシデムシも同様である。

これらを好きになるのは難しいが、その役割の重要さは理解できる。そのことを知れば、少なくとも毛嫌いすることは控えようという気持ちになる。違う生き物には違う事情がある。それは、その生き物の側に立つ想像力を持つということである。私は半生の研究生活を通じて、本書の冒頭に紹介した、カニの縦歩きの小噺と同じことに気づいたわけである。

自然の正しい姿をとらえるのに自然科学は有効であり、それは知らないために作られる誤ったイメージを是正する助けになる。言い換えれば、正しく知ることは私たちを偏見から解放してくれる。ジャレド・ダイアモンド博士（２０１２ａ）は、今でもなくならない人種偏見に正面から向き合い、文明や技術の違いは環境の違いによるのであって、民族間に知能の差がないことを膨大な情報とすぐれた論理で示した。彼は後に著した『若い読者のための第三のチンパンジー』に次のように記す。

「ニュージーランドのモアを絶滅させたマオリ人、マツとネズの森林を消滅させたアナサジの人びとは善悪にかかわる罪を犯したわけではなかった。そうではなく、ひと筋縄では解決しようのない生態学上の問題解決に失敗したのである。

実は過去において生態学上の悲劇的な失敗を犯した人と私たちの間には決定的な違いが二つある。こうした人たちに欠けていた科学的な知識が私たちにはあること、その知識を伝え合い、共有できる手段が私たちにはあることだ」

と(ダイアモンド2017b)。

私たちがこれからすべきこと

私たちは後戻りできない。都市住民が増えることは避けられないであろう。都市生活をすれば、自然に直接触れる機会が少なくなるのは避けられない。それだけに、知らないままにイメージだけで好き、嫌いと決めつけることになりがちである。

そのときに、生態学的な知識を持つことで、少なくとも「嫌いな」動物への偏見を修正することができるはずだ。そうすることの意義は自然に接することができた時代よりもはるかに大きくなると思う。こう考えてくると、将来に大きな不安があり、気持ちが塞ぐが、私自身はそう悲観的ではない。

幸いなことに、日本列島は世界にもまれなほど豊かな動植物に恵まれている。決して大きくないこの島国には、流氷の来る海岸があれば、標高３０００メートルを超える山もあり、マングローブのある島さえある。動物にしても植物にしても、ひとつの国でヨーロッパ全体に匹敵するか、それよりも豊かなほどである。とくに両生類や爬虫類、昆虫は、ヨーロッパをはるかに凌駕《りょうが》する。それは南北に細長いこともあるし、夏が高温多湿であることにもよっている。放っておいても植物はいたるところで生い茂る。それを利用する昆虫が溢れるほどいる。そうであるから、それを利用する小動物も、さらにそれを利用する大きな動物も豊富にいる。

「あとは野となれ山となれ」というのは、土地をマメに管理しないとすぐに藪になり、やがては林になってしまうということだが、これは生態学的にいえば植生遷移《せんい》のことである。しかもそのスピードは欧米の生態学の常識とは違い、はなはだ速い。日本の農民の悩みは作物が育たないことではなく、雑草が生い茂るのを抑えないといけないことにあった。私の知る農業者は「緑に飲み込まれそうだ」と語った。

それだけ豊かな国土を大規模な土木工事をし、累々たる石垣を築いて、豊富な水を使って田んぼで稲作をしてきたのが日本の農業の歴史であった。あるいは繰り返し刈り取ることでススキ群落を維持し、裏山の雑木林で炭焼き用の林を管理してきた。こういう群落の複合である、芸術品のような里山から人が去ったのが、この半世紀で起きたことであった。

都市生活の将来に多くの不安はあるものの、日本の自然の豊かさと、連綿たる伝統農業の遺産としての里山の価値を考えたとき、生態学を学んできた私が考えるのは、都市と里山とのつながりを創出できないかということである。

具体的なアイデアがあるわけではないが、都市の経済的豊かさと、里山の自然の豊かさを分離することなく、人口の主体を占める都市住民が豊かな自然に接する工夫は十分可能であろう。それが生産に直結しないとしても、まずそのとっかかりとして、子どもたちに自然体験をさせることの実りは小さくないはずである。そのようにして育った子どもたちからは、次の段階のアイデアもわくに違いない。それは、あまりにロマンチックな夢にすぎないかもしれない。それでも、私は今こそこのことを真剣に考えるべきだと思う。

あとがき

動物を研究してきた者として動物側に立ってみたとき、人間中心の価値観がいかに理不尽なものであるかがわかる。もし動物に言葉があれば、言い分がずいぶんあるだろうという思いから、書名を『人間の偏見　動物の言い分』とした。

私は3年前に大学を定年退職したのだが、研究は続けている。また、研究とは違うが、自分が住む場所にある玉川上水の生き物を仲間と楽しみながら調べている。かつてはいたるところにいたタヌキが、玉川上水沿いに点々と生き延びているが、それは早送りの映像を想像すれば、この半世紀ほどの間に急速に生息地を狭められて、細長い玉川上水沿いに閉じ込められたという感がある。私たちが調べたのは、珍しくもないタヌキだが、タヌキはまとまった林がないと生きにくいので、林の保全が重要であることがわかった。またタヌキは栄養を摂るために果実をよく食べるが、そのことが結果として種子散布になっていることもわかった。それにタヌキが糞をするとコブマルエンマコガネという糞虫が寄ってきてすぐに分解することもわかった。

その分解力は感動的でさえある。

そして、いっしょに観察している仲間は「こういうことを知る前と知ったあとで、同じ玉川上水の景色が違って見えるよ」と言う。確かに、何も知らないで「糞に集まる虫」と聞けば、汚くておぞましい生き物だと思いがちだが、その懸命な生き方を見、生態系における分解の機能的意味を考えると、むしろ大したものだという気持ちになる。そうした体験を通して、私たちは動物のことを知らないから偏見を持つのだということが実感できた。そういうことを考えていたことが本書の背景になっている。

都市化がさらに進むことは確実であり、それが人と動物との距離を大きくすることは本書の中で考察したとおりである。そうした生活の中で私たちがどういう動物観を持つべきか、そして生まれ育つ子どもたちに大人がどう教えるべきかは重大な課題である。本書はそのことをあぶり出したつもりである。今後、考古学の知識や、各時代の人の動物観を学ぶことで、この粗描き《ラフ》を崩したり、組み立て直したりしたいと思う。

イースト・プレスの木下衛氏は私の動物関係の著作をよく読んでおられ、動物は好きだが、溺愛型の接し方には抵抗を感じていたので、私の考えに共感を覚えられたようだった。そして丁寧に編集作業をしていただいた。また、イラストレーターのchizuruさんには、動物の雰囲気をよくとらえたすばらしいイラストを描いていただいた。大きめのイラストが彼女の作品で、小さい線画は私が描いたものである。

本書の執筆のために、これまであまり接したことのなかった人類学や考古学の分野などの本を楽しみながら読んだ。とくにジャレド・ダイアモンド博士の一連の著作は胸を弾ませながら読んだ。知りたいものがあれば、勉強は楽しい。

２０１８年３月１日　父の命日に

高槻成紀

文献

本書では、単行本のみで論文はあげていないので、原著に当りたい方は各書の引用文献を参照されたい。日本人と動物についての本の多くのものは広い意味での社会学的なアプローチであり、動物学の視点に支えられたものが乏しい（たとえば早川1979、中村1984、天野1987、赤田1997、菱川2009、石田ほか2013など）。

一方、動物学からは近年すぐれた著作が発表された（たとえばニホンジカで高槻2006a、リスで田村2011、クマで坪田・山﨑2011、ニホンカモシカで落合2016、ネズミで本川2016、サルで辻・中川2017、ウサギで山田2017など）。これらは人間の文化や社会にはあまり言及していない。

赤田光男（1997）『ウサギの日本文化史』世界思想社

天野 武（1987）『野兎狩り』秋田文化出版社

池上俊一（1990）『動物裁判――西欧中世・正義のコスモス』講談社現代新書

池谷和信［編］（2010）『日本列島の野生生物と人』世界思想社

石田 戢／濱野佐代子／花園 誠／瀬戸口明久（2013）『日本の動物観――人と動物の関係史』東京大学出版会

石橋孝夫（2007）「定置式河川漁撈――石狩紅葉山49号遺跡の定置式河川漁撈」（小杉 康／他［編］『縄文時代の考古学5 なりわい――食料生産の技術』）同成社

ウィルソン・エドワード・O（2008）狩野秀之［訳］『バイオフィリア――人間と生物の絆』ちくま学芸文庫

内山 節（2007）『日本人はなぜキツネにだまされなくなったのか』講談社現代新書

江口祐輔（2001）「イノシシの行動と能力を知る」（高橋春成［編］『イノシシと人間――共に生きる』）古今書院
大田眞也（2007）『カラスはホントに悪者か』弦書房
太田匡彦（2015）「ペットの売買について――伴侶動物」（高槻成紀［編著］『動物の命を考える』）朔北社
大貫恵美子（1995）『日本文化と猿』平凡社選書
落合啓二（2016）『ニホンカモシカ――行動と生態』東京大学出版会
菊水健史／水澤美保／外池亜紀子／黒井眞器（2015）『日本の犬――人とともに生きる』東京大学出版会
北村泰一（2007）『南極越冬隊 タロジロの真実』小学館文庫
鬼頭 宏（2000）『人口から読む日本の歴史』講談社学術文庫
小池伸介（2011）「食性と生息環境――とくに果実の利用に注目して」（坪田敏男／山﨑晃司［編］『日本のクマ――ヒグマとツキノワグマの生物学』）東京大学出版会
ゴフ、マディソン・リー（2014）垂水雄二［訳］『法医昆虫学者の事件簿』草思社文庫
佐藤宏之（2013）「日本列島の成立と狩猟採集の社会」（『岩波講座日本歴史第1巻 原始・古代1』）岩波書店
佐藤喜和（2011）「採食生態――環境の変化への柔軟な対応」（坪田敏男／山﨑晃司［編］『日本のクマ――ヒグマとツキノワグマの生物学』）東京大学出版会
シャラー、ジョージ・B／播 文石／胡 綿矗／朱 靖（1989）熊田清子［訳］『野生のパンダ』どうぶつ社
鈴木忠司（1996）「採集経済と自然資源」（大塚初重／白石太一郎／西谷正／町田章［編］『考古学による日本歴史16 自然環境と文化』）雄山閣
ダイアモンド、ジャレド（2012a）倉骨彰［訳］『銃・病原菌・鉄（上・下）』草思社文庫
ダイアモンド、ジャレド（2012b）楡井浩一［訳］『文明崩壊――滅亡と存続の命運を分けるもの（上・下）』草思社文庫

ダイアモンド、ジャレド（２０１７a）倉骨彰［訳］『昨日までの世界（上・下）』日経ビジネス人文庫
ダイアモンド、ジャレド（２０１７b）レベッカ・ステフォフ［編］／秋山勝［訳］『若い読者のための第三のチンパンジー――人間という動物の進化と未来』草思社文庫
高槻成紀（１９９２）『北に生きるシカたち――シカ、ササそして雪をめぐる生態学』どうぶつ社（２０１３年に丸善出版株式会社から復刻出版）
高槻成紀（２００６a）『シカの生態誌』東京大学出版会
高槻成紀（２００６b）『野生動物と共存できるか――保全生態学入門』岩波ジュニア新書
高槻成紀（２０１４）『唱歌「ふるさと」の生態学――ウサギはなぜいなくなったのか？』ヤマケイ新書
高槻成紀（２０１５a）『シカ問題を考える――バランスを崩した自然の行方』ヤマケイ新書
高槻成紀［編著］（２０１５b）『動物のいのちを考える』朔北社
高槻成紀（２０１５c）『となりの野生動物』ベレ出版
高槻成紀（２０１７a）『タヌキ学入門』誠文堂新光社
高槻成紀（２０１７b）『都会の自然の話を聴く――玉川上水のタヌキと動植物のつながり』彩流社
田村典子（２０１１）『リスの生態学』東京大学出版会
辻 大和／中川尚史（２０１７）『日本のサル――哺乳類学としてのニホンザル研究』東京大学出版会
坪田敏男／山﨑晃司［編］（２０１１）『日本のクマ――ヒグマとツキノワグマの生物学』東京大学出版会
外池亜紀子（２０１５）「進化」（菊水健史／水澤美保／外池亜紀子／黒井眞器『日本の犬――人とともに生きる』）東京大学出版会
中村禎里（１９８４）『日本人の動物観――変身譚の歴史』海鳴社
中村禎里（２００８）『動物たちの日本史』海鳴社

中村浩志（2006）『雷鳥が語りかけるもの』山と渓谷社
中村浩志（2013）『二万年の奇跡を生きた鳥――ライチョウ』農山漁村文化協会
ハーツォグ、ハロルド（2011）山形浩生／守岡 桜／森本正史［訳］『ぼくらはそれでも肉を食う――人と動物の奇妙な関係』柏書房
畠佐代子（2014）『カヤネズミの本――カヤネズミ博士のフィールドワーク報告』世界思想社
早川孝太郎（1979）『猪・鹿・狸』講談社学術文庫
樋口広芳（2016）『鳥ってすごい！』ヤマケイ新書
菱川晶子（2009）『狼の民俗学――人獣交渉史の研究』東京大学出版会
前迫ゆり／高槻成紀［編著］（2016）『シカの脅威と森の未来――シカ柵による植生保全の有効性と限界』文一総合出版
松井 章（2010）「考古学からみた人・動物関係史」（池谷和信［編］『日本列島の野生生物と人』）世界思想社
三宅 修（2012）『スズメの謎』誠文堂新光社
村越 潔（1987）「亀ヶ岡遺跡の成因」（『論争・学説 日本の考古学3 縄文時代II』）雄山閣
本川達雄（1992）『ゾウの時間ネズミの時間――サイズの生物学』中公新書
本川雅治（2016）『日本のネズミ――多様性と進化』東京大学出版会
森 まゆみ（2001）『森の人――四手井綱英の九十年』晶文社
山下正男（1974）『動物と西欧思想』中公新書
山田文雄（2017）『ウサギ学――隠れることと逃げることの生物学』東京大学出版会
渡辺 誠（1973）『縄文時代の漁業』雄山閣

高槻成紀（たかつき・せいき）

1949年鳥取県生まれ。東北大学大学院理学研究科修了、理学博士。

東京大学、麻布大学教授を歴任。現在は麻布大学いのちの博物館上席学芸員。

専攻は生態学、動物保全生態学。ニホンジカの生態学研究を長く続け、シカと植物群落の関係を解明してきた。最近では里山の動物、都市緑地の動物なども調べている。

著書に『野生動物と共存できるか』『動物を守りたい君へ』（ともに岩波ジュニア新書）、『タヌキ学入門：かちかち山から3.11まで』（誠文堂新光社）、『唱歌「ふるさと」の生態学〜ウサギはなぜいなくなったのか？』（山と渓谷社）、『都会の自然の話を聴く：玉川上水のタヌキと動植物のつながり』（彩流社）ほか多数。

人間《にんげん》の偏見《へんけん》　動物《どうぶつ》の言《い》い分《ぶん》
動物《どうぶつ》の「イメージ」を科学《かがく》する

2018年5月29日　初版第1刷発行

著者　高槻成紀《たかつきせいき》

装丁　アルビレオ
イラスト　chizuru／高槻成紀
DTP　臼田彩穂
編集　木下 衛
発行人　北畠夏影
発行所　株式会社イースト・プレス
〒101-0051
東京都千代田区神田神保町2-4-7久月神田ビル
Tel.03-5213-4700　Fax.03-5213-4701
http://www.eastpress.co.jp/
印刷所　中央精版印刷株式会社

ISBN978-4-7816-1661-2